"多元能源"出版工程（一期）

"十四五"时期国家重点出版物出版专项规划项目
千万千瓦级风电基地规划设计

Wind Energy Characteristic Analysis of Wind Power Base

风电基地风能特性分析

彭怀午 袁红亮 刘玮 主编

中国水利水电出版社
www.waterpub.com.cn
·北京·

内 容 提 要

本书是"多元能源"出版工程（一期）之一。结合作者多年风电工程的实践经验，归纳总结了风电基地风能特性分析所需的各类技术工作，系统而全面地介绍了风资源分析的实用技术和相关理论，内容涵盖概述、风电场流动数值模拟、风切变时空演变规律、风电基地尾流变化规律、风电基地综合出力特性，以及风资源评估软件应用与开发等专题技术。

本书可作为风电基地前期项目工程技术人员和管理人员的参考书籍，也适合作为高等院校相关专业的教学参考用书。

图书在版编目（CIP）数据

风电基地风能特性分析 / 彭怀午，袁红亮，刘玮主编. -- 北京 : 中国水利水电出版社，2024. 10.
ISBN 978-7-5226-3053-3
Ⅰ. TM614；TK81
中国国家版本馆CIP数据核字第2024JT0405号

书　　名	"多元能源"出版工程（一期） **风电基地风能特性分析** FENGDIAN JIDI FENGNENG TEXING FENXI
作　　者	彭怀午　袁红亮　刘　玮　主编
出版发行	中国水利水电出版社 （北京市海淀区玉渊潭南路 1 号 D 座　100038） 网址：www. waterpub. com. cn E - mail：sales@mwr. gov. cn 电话：（010）68545888（营销中心）
经　　售	北京科水图书销售有限公司 电话：（010）68545874、63202643 全国各地新华书店和相关出版物销售网点
排　　版	中国水利水电出版社微机排版中心
印　　刷	清淞永业（天津）印刷有限公司
规　　格	184mm×260mm　16 开本　10 印张　243 千字
版　　次	2024 年 10 月第 1 版　2024 年 10 月第 1 次印刷
印　　数	0001—3000 册
定　　价	**78.00 元**

凡购买我社图书，如有缺页、倒页、脱页的，本社营销中心负责调换
版权所有·侵权必究

本 书 编 委 会

主　　编　彭怀午　袁红亮　刘　玮

副 主 编　韩　毅　陈　彬　朱晓娟　刘军涛　宋俊博
　　　　　王　炎

参　　编　董德兰　胡　义　徐　栋　胡己坤　于越聪
　　　　　田永进　魏美美　郭玥含　刘明歆　高　洁
　　　　　刘雨洁　张　玲　宋婉莹　韩　源

编制单位　中国电建集团西北勘测设计研究院有限公司

前　言

　　2020 年 9 月，我国在第七十五届联合国大会上向世界做出庄重承诺，二氧化碳排放力争于 2030 年前达到峰值，努力争取 2060 年前实现碳中和。风电作为可再生能源的重要构成部分，是除水电外技术最成熟、最具规模开发条件和商业化发展前景的发电方式之一，已然成为实现我国"双碳"目标的主力军。

　　风资源研究是风电行业中最为重要且十分复杂的学科之一，与世界其他风电大国相比，我国的风资源研究工作较为滞后，表现在理论研究创新不足、系统性实验开展较少、软件开发起步较晚等方面。目前国内通用的风资源理论多直接引用国外研究成果，工程中应用的主流评估计算软件主要依赖于国外，然而这些软件对国内风况的适用性未得到充分验证，加之软件使用人员对模型的理解不够深入，导致软件使用水平偏低，计算结果可靠性较差，特别是在风电基地风资源评估中，误差问题尤为突出。此外，风电基地的综合出力特性评估尚无成熟理论可以借鉴，现有评估方法对风的时间、空间变化考虑不够充分，同时率估算成果可能偏差较大，造成基地能源结构难以实现最优化配置，能源利用潜力难以充分挖掘。

　　为解决上述问题，本书首先从大气边界层风的形成原理出发，研究大气边界层风电场数值模拟的基本模型，为风电基地风能特性研究提供理论基础。其次，研究陆上风电基地风廓线及尾流的时空变化规律，在地形、粗糙度、大气热稳定度等因素中分析查明影响风廓线分布的主要因素，并利用先进的激光雷达测风设备开展现场实验，研究风电基地内部尾流的时空传播规律，形成风电基地尾流的精细化评估方法。同时，以风电基地综合出力特性多尺度评估方法为目标，研究风电基地内部风的时间、空间变化规律，多尺度精细化模拟风能的真实传播过程，形成一套在设计阶段尽可能获得接近风电基地真实运行情况出力特性的评估方法。最后，研究基于计算流体力学技术的风电场空气动力学计算与仿真平台，打造具有自主知识产权的核心关键技术，打破国外商业软件的垄断格局，在一定程度上解决了制约风电行业领域的"卡脖子"关键技术，助力我国风电产业健康安全发展。

本书主要介绍风电基地风能特性分析的内容，全书共分为6章：第1章为概述；第2章从风的形成与大气边界层基本理论等方面介绍了风电场流动数值模拟相关内容；第3章介绍了影响风廓线的主要因素及其作用机制，实现风电基地风电机组轮毂高度最优选型，提高能源利用效率；第4章介绍了风电基地内部真实的尾流时空变化规律，完成现有尾流模型的误差分析，改进模型参数，为风电基地优化布局提供数据支撑；第5章介绍了一套精细化的风电基地综合出力特性多尺度评估方法，为大型多能源基地中风电配比提供准确依据；第6章介绍了具有自主知识产权、核心算法可控的风资源精细数值模拟云平台研发情况。

本书得到了国家重点研发计划（2022YFB4202100）、陕西省创新能力支撑计划（2023－CX－TD－30）和中国电力建设股份有限公司科技项目（DJ－HXGG－2021－03）资助。

同时，本书得到了许昌、潘航平等的大力帮助，对他们的辛勤劳动表示感谢。

由于编者水平有限，书中难免存在不足之处，恳请广大读者批评指正。

编　者

2024 年 3 月

目 录

前言

第1章 概述 ·· 1

  1.1 风电基地与"双碳"目标 ················· 3

  1.2 风电基地风能特性分析面临的问题 ········· 4

  1.3 本书内容 ··· 5

第2章 风电场流动数值模拟 ····················· 7

  2.1 风的形成 ··· 9

  2.2 大气边界层 ····································· 12

  2.3 大气边界层流动的数学描述 ············· 18

  2.4 大气边界层湍流模型 ······················· 22

第3章 风切变时空演变规律 ····················· 29

  3.1 大气热稳定度基础理论 ····················· 31

  3.2 地表粗糙度基础理论 ······················· 35

  3.3 风切变基础理论 ······························· 37

  3.4 不同大气热稳定度分类下的风速外推 ····· 39

  3.5 风切变指数变化规律 ······················· 41

第4章 风电基地尾流变化规律 ················· 47

  4.1 尾流的形成 ····································· 49

  4.2 风电机组工程尾流模型 ····················· 50

  4.3 风电机组数值尾流模型 ····················· 62

  4.4 大型风电场/基地尾流效应 ················· 63

  4.5 风电基地的尾流研究案例 ················· 66

  4.6 本章小结 ··· 81

第5章 风电基地综合出力特性 ················· 83

  5.1 风电出力特性研究 ··························· 85

  5.2 风电场出力特性的 CFD 计算方法 ········· 91

5.3 哈密风电基地风的流动特性分析 106

5.4 风电基地综合出力计算 123

5.5 风电基地出力过程计算方法应用 131

5.6 本章小结 134

第 6 章 风资源评估软件应用与开发 135

6.1 风资源评估软件应用简介 137

6.2 风电场微观选址优化方法 138

6.3 仿真云平台应用系统开发 142

6.4 本章小结 146

参考文献 148

第1章
概　述

1.1 风电基地与"双碳"目标

2020 年 9 月，我国在第七十五届联合国大会上向世界做出庄重承诺，将力争在 2030 年前实现碳达峰、2060 年前实现碳中和，即"双碳"目标。碳达峰是二氧化碳排放量由增转降的历史拐点，标志着经济发展由高耗能、高排放向清洁的低能耗模式转变，碳排放与经济发展实现脱钩；碳中和是指通过植树造林、节能减排、碳捕捉与封存、碳补偿等形式与技术，抵消国家、企业、产品、活动或个人在一定时间内直接或间接产生的二氧化碳或温室气体排放总量，实现正负抵消，达到相对"零排放"。明确"双碳"目标是我国由工业文明走向生态文明的标志性转折点，也是对全球气候变化和生态文明的积极贡献、践行人类命运共同体理念的切实举措。"双碳"目标倡导绿色、环保、低碳的能源消费方式，在中央提出的 2035 年基本实现社会主义现代化远景目标中，进一步明确了应"广泛形成绿色生产生活方式，碳排放达峰后稳中有降"。能源领域是实现"双碳"目标的关键领域，实现"双碳"目标必须根据基本国情积极稳妥推进能源绿色低碳转型。

2020 年 12 月，我国在气候雄心峰会上声明"到 2030 年，中国单位国内生产总值二氧化碳排放将比 2005 年下降 65% 以上，非化石能源占一次能源消费比重将达到 25% 左右，森林蓄积量将比 2005 年增加 60 亿 m^3，风电、太阳能发电总装机容量将达到 12 亿 kW 以上"。截至 2023 年年底，我国非化石能源发电装机容量达到 15.7 亿 kW，占总发电装机容量的 53.9%。其中，水电装机容量 4.2 亿 kW（包含抽水蓄能装机容量 0.5094 亿 kW）、风电装机容量 4.4 亿 kW、太阳能发电装机容量 6.1 亿 kW，分别占全国总发电装机容量的 14.4%、15.1% 和 20.9%。"十四五"时期，为实现"双碳"目标，以及能源绿色低碳转型的战略目标，可再生能源是我国能源发展的主导方向。我国将持续推进产业结构和能源结构调整，大力发展可再生能源，加快实施可再生能源替代行动，构建以可再生能源为主体的新型能源电力系统。

可再生能源包括风能、太阳能、水能、生物质能、地热能、海洋能等。发展可再生能源须因地制宜地优化布局，根据当地的资源禀赋条件制定方案，使风电、光伏发电、水电、光热发电、生物质能发电等清洁能源技术协同发展，实现多能互补，多种能源综合利用，从而更好地发挥可再生能源的保供作用。在可再生能源领域中，风电和光伏发电是除水电外技术最成熟、最具规模开发条件和商业化发展前景的发电方式，其作为可再生能源的重要构成部分，必将成为实现"双碳"目标的主力军。在未来没有颠覆性新技术突破的前提下，电力系统脱碳将主要依靠风电和光伏发电。同时，由于风电的成本已经与传统化石能源发电持平甚至更加经济，并具有进一步降本潜力，风电的大规模应用会降低全社会用能成本，实现更经济的能源转型。

风电基地具有大规模开发的经济、地理等优势，基地开发模式是我国充分开发利用风资源的特有模式，是具有中国能源特色的一种战略性选择。随着政策的投入、管理体制和运行机制的创新，风电基地化开发模式不断推进，将有效地促进风电的规模开发和集约利用，为未来促进风电产业的可持续发展奠定了良好的基础。

我国风资源大规模集中分布的范围主要在东北、华北和西北（"三北"）地区，风资源约占全国的 80%，但多数处于电网末端，电网建设薄弱，电力需求较小。而负荷主要集中在东部和中部，风资源与负荷在地理位置上呈现逆向的特征。陆上风资源与电力需求的不匹配分布特性，决定了我国风电产业不能按照欧洲"分散上网、就地消纳"的模式发展。因此，建设大基地、接入大电网、大规模高集中、高电压远距离输送成为我国风电开发不可或缺的模式。

近年来，我国风电产业得到了迅速发展，风能已经稳步成为我国的第三大发电能源。根据国家能源局发布的数据，2005 年年底，我国仅有风电场 61 座；2007 年，我国风电场增加到 158 座；到 2020 年，我国风电场数量已超过 4000 座。风电场数量迅速增加的同时，风电场的规模也在增大。风电场容量从 5 万 kW 增加到 20 万 kW，并逐步形成了百万千瓦以上的风电场群，甚至千万千瓦以上的风电基地。我国目前已分别在新疆哈密、甘肃酒泉、河北、吉林、内蒙古东部、内蒙古西部、江苏、山东、黑龙江、山西等风资源丰富地区，开展了 10 个千万千瓦级风电基地的规划和建设工作。风电基地的开发模式将极大地加快我国风资源的集中式规模化开发利用，在我国风电发展中占据着绝对优势的地位，对促进我国风电产业大规模、高质量发展，调整能源结构、减轻环境污染、解决能源危机等方面有着非常重要的意义，并将在"双碳"战略中扮演更加重要的角色。

1.2　风电基地风能特性分析面临的问题

风电基地作为我国特有的风电开发形式，有别于单个风电场。风电基地从规划设计、施工建设以及运行管理等方面都有更高的要求，现有的风资源评估及特性分析一般只针对单个风电场，适用的计算范围小，在空气动力学上属于微观尺度问题，而风电基地横跨范围更广，计算尺度介于微尺度和中尺度之间，如何在风电基地设计中利用现有软件科学准确地分析评估风资源是一项急需研究的课题。

对于风电基地内部风电机组的轮毂高度选择也是长期以来有争议的问题。风电机组轮毂高度的选型取决于近地面风廓线的演变规律，一般量化为风切变指数，风切变指数越大，越有利于采用较高的轮毂高度。但对于风廓线演变规律的理论研究一直以来并未引起投资方、设计单位和风电机组厂家的重视。随着我国风电大规模开发的持续进行，可以预见陆上适合风电开发的风资源丰富、地形简单的区域越来越少，风资源相对丰富、地形复杂的区域将成为主流，结合 140m 及更高的混合塔架技术，掌握风廓线演变规律将成为第一时间识别优质风资源的"火眼金睛"。

在众多影响风电场发电量的因素中，尾流效应是无法忽视的重要影响因素。尾流指风经过风轮后产生的连续切向旋涡。下游风电机组往往工作在上游风电机组的尾流区中，来流经过上游风电机组后风速衰减，使得在其尾流区内工作的风电机组的出力下降。研究表明，完全工作在尾流环境中的风电机组发电量损失可能高达 40%，疲劳载荷增加可能高达 10%～45%。此外，许多新建的风电场都集中在风资源较好的地区，风电场之间的距离相对较小，风电场之间的干涉效应十分明显。掌握风电场内部及风电场之间的尾流干涉规律直接关系到风电基地的资源利用效率。

此外，风电基地大多处于电网结构比较薄弱的区域，其电能输出受限严重，对电网的扰动也比较突出。我国规划建设的千万千瓦级风电基地主要分布在西部、北部和东部沿海地区，煤电基地、风资源丰富区也主要集中在"三北"地区，风电、光伏发电和煤电地域分布重叠，且三种能源均存在大规模远距离输送至东部和中部负荷中心的客观需求。采用风电与光伏发电、附近火电打捆交直流混合外送的方式，不仅可满足大规模传统能源和新能源外送的基本要求，而且可以保证交直流输电通道输送功率的平稳，大幅提高直流系统的利用率。但风电、光伏发电、火电三者间的交互作用及其对交直流电网的影响十分复杂，需要深入研究风光火打捆交直流外送系统的稳定特性及机制。风电基地由若干个风电场组成，风电场地理位置的分散可能降低各风电场出力的相关性，提高互补性，对风电基地的出力具有稳定效应，有利于多能互补系统的平稳运行。因此，研究不同尺度下风电基地出力特性的时空分布及其形成机理对于风电基地的优化布局、优化运行和风电并网都有重要意义。

1.3　本书内容

本书主编单位主导完成了甘肃酒泉风电基地、哈密风电基地（"疆电外送"一通道、三通道）、新疆准东风电基地（"疆电外送"二通道）、上海庙风电基地、乌兰察布风电基地、海西蒙古族藏族自治州风电基地、海南藏族自治州风电基地、陕皖直流配套新能源基地、巴丹吉林沙漠第二通道新能源基地（张掖）等风电基地，装机容量超过 6000 万 kW。通过这些风电基地的实践，积累了丰富的经验。

针对风电基地风能特性分析当前面临的问题，依据主编单位多年的风电基地规划、设计工作经验，进行了深入的研究、实践、总结。本书主要介绍以下内容：第 1 章首先介绍风电基地的概述，第 2 章介绍风的形成与大气边界层基本理论，第 3～第 5 章依次介绍风切变时空演变规律、风电基地尾流变化规律、风电基地综合出力特性等风电基地风能特性分析应重点关注的技术参数及其规律特性；第 6 章重点介绍我国自主开发的风资源评估软件的应用及开发情况。

第 2 章
风电场流动数值模拟

风电场流动数值模拟，本质上是基于计算流体力学（computational fluid dynamics，CFD）方法，数值迭代求解能够反映大气物理现象的流动控制方程，进而研究风电场所在区域上空大气边界层的湍流运动规律，得到风速、压力、温度等关键流场变量在场区的空间分布情况。本章首先从宏观层面论述了风的形成与分类，聚焦风资源评估工程重点关注的大气边界层流动区域并分析湍流成因，进而建立描述大气边界层湍流运动的控制方程组，并介绍在风资源评价中，用于对其数值求解进行闭合的微尺度湍流模式及其模型算法。

2.1 风的形成

2.1.1 风形成的根本原因

　　风是大规模的气体流动现象。在地球上,风是由空气相对于地面的大范围水平运动形成的,通常以风向、风速或风力表示。风的成因与空气和气压密切相关。风形成的根本原因,是由于地球的形状以及地轴倾角的存在,使得日地距离和方位不同,导致地球上不同纬度的地区吸收太阳的热量不均匀。赤道和低纬度地区,吸收太阳热量多的暖空气膨胀变轻后上升,空气变得稀薄,气压变小;极地和高纬度地区,吸收太阳热量少的冷空气冷却变重后下降,空气变得稠密,气压增大。不同纬度地区之间由于气压差形成气压梯度,进而产生气压梯度力,将空气从气压高的一处推向气压低的一处,促使空气流动形成风。宏观看来,由于地球南北两个极区单位面积接收的能量少于赤道,导致热量在赤道附近聚集,空气在赤道和两极之间形成垂直环流,并将赤道地区的多余的热量输送至南北两极,从而使热循环系统达到平衡。

　　然而,在实际天气分析时,赤道—极地气流通常很难被明显观测到,这是由地球自转的效应引起的。地球自转时,与地表接触的百至千米的空气层会跟着地球一起旋转,可引入一个地转偏向力,即科里奥利力(Coriolis force,简称科氏力)。在科氏力的作用下,空气在沿着压力梯度驱动运动时发生偏转。在北半球大气流动会向右偏转,南半球大气流动会向左偏转,在科氏力、大气压差和地表摩擦力的共同作用下,原本正南北向的赤道—极地气流流动变成东北—西南或东南—西北向的大气流动,从而使得大气运动更为复杂。

　　由此可见,风的形成是太阳对地球的不均匀辐射和地球自转共同造成的。

2.1.2 风的分类

　　风的流动(即大气的运动)规律,存在着空间尺度和时间尺度的周期性,而且尺度范围的跨度变化很大。在空间尺度水平方向上,风的流动包括大气环流、季风环流、局地环流;在垂直方向上,包括对流层、平流层、中间层或整个大气圈的大气环流。在时间尺度上,有多年、一年、季、月、日的平均大气环流。本书主要对水平方向上的 3 种环流进行介绍。

2.1.2.1 大气环流

　　由于太阳辐射在地球表面的非均匀分布造成热空气在赤道附近上升,在上空向两极运动,然后在亚热带下降,并且在极地较低的地方向赤道移动,形成地面与高空的大气环流。各环流圈伸展的高度,以热带最高,中纬度次之,极地最低,这主要是由于地球表面增热程度随纬度升高而降低。这种环流在科氏力的作用下,形成了赤道到南北纬30°环流圈(哈德来环流)、南北纬30°~60°环流圈(费雷尔环流)、南北纬60°~90°环流圈(极地环流),即著名的三圈环流,如图2-1所示。除此之外,大气环流还包括全球尺度的东西风带、定常分布的平均槽脊、高空急流以及西风带中的大型扰动等。

　　大气环流是地球上空间尺度最大的大气流动,其水平尺度范围横跨数千公里量级,垂直尺度范围在10km量级以上,对应时间尺度通常为季度或者年,构成了全球大气运动的基本形式，是全球气候特征和大范围天气现象的主导因子，也是各种尺度天气系统活动的背景。大气环流既是地—气系统进行热量、水分、角动量等物理量以及能量交换的重要机制，也是这些物理量的输送、平衡、转换的重要结果。总之，地球上各纬度地区不均衡的太阳辐射是大气环流的原动力。

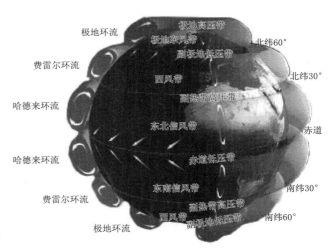

图2-1　三圈环流

2.1.2.2　季风环流

季风环流指在地球大范围地区内，因地表陆地和海洋吸热和散热速度差异、行星风带的季节性位移、高原等庞大地形的动力与热力机制、南北半球气流的相互作用等因素，形成的以季节或半年为周期改变盛行风向（或气压系统）的风，主要包括西非季风系统、南亚季风系统、东亚季风系统和澳洲季风系统等。每个季风系统都是由一些环流系统组成的，它们称为季风系统的成员。每个季风系统成员的来源不同，有的来自中纬度系统，有的是越赤道的气流，还有的是来自副热带和热带的环流系统。

季风的明显程度通常用季风指数进行定量表示，根据地面冬夏季盛行风向之间的夹角来判别，若夹角在$120°\sim180°$，则认为是季风，然后用1月和7月盛行风向出现的频率相加除以2，得到季风指数。若区域季风指数小于40%，则为季风区（一区）；若区域季风指数为40%～60%，则为较明显季风区（二区）；若区域季风指数大于60%，则为明显季风区（三区）。

2.1.2.3　局地环流

局地环流是一种中、小尺度（$10^0\sim10^2$km量级）的区域性环流，由地表下垫面性质的不均匀性（如湖泊与内陆、绿洲与沙漠、城市与乡村等）、地形起伏、坡向差异等局地的热力和动力因素所引起，驱动力仍然是温度差。但是，当大型天气系统十分强盛时，这种局地性风就不易观测到。常见的局地环流主要有海陆风、山谷风、焚风和峡谷风等。

海陆风的形成与季风相同，也是由海洋和陆地温度差所产生的。不过海陆风的范围小，以昼夜为周期改变风向。由于海陆物理属性的差异，造成海陆受热不均、对太阳辐射的热能反应不同。白天陆地温度较海洋高，形成从海洋到陆地的气压降，凉、湿的风从海洋吹向陆地，称为海风。傍晚，陆地温度要比海洋下降得快，形成从陆地到海洋的气压降，风从陆地吹向海洋，称为陆风。将一天中海陆之间的周期性环流总称为海陆风。海陆风的强度在海岸最大，随着离岸的距离增加而衰减，影响距离一般在$20\sim50$km。海风风速比陆风大，可达$4\sim7$m/s，而陆风一般仅为2m/s左右。海陆风最强的地区为温度日变化最大、海陆昼夜温差最大的地区。低纬度日照辐射强，所以海陆风较为明显，尤以夏季为甚。海陆风环流示意图如图2-2所示。

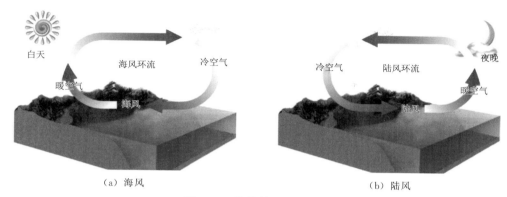

（a）海风   （b）陆风

图 2-2   海陆风环流示意图

山谷风的形成原理跟海陆风类似。白天，山坡接受太阳光热较多，空气增温较多，而山谷上空，同高度上的空气因离地较远，增温较少，山坡上的暖空气不断上升，并从山坡上空流向谷底上空，谷底的空气则沿山坡向山顶补充，这样便在山坡与山谷之间形成一个热力环流，下层风由谷底吹向山坡，称为谷风。到了夜间，山坡上的空气受山坡辐射冷却影响，空气降温较多，而谷底上空，同高度的空气因离地面较远，降温较少，于是山坡上的冷空气因密度大，顺山坡流入谷底，谷底的空气因汇合而上升，并从上面向山顶上空流去，形成与白天相反的热力环流，下层风由山坡吹向谷底，称为山风。山风和谷风总称为山谷风。山谷风风速一般较小，谷风一般为 2～4m/s，有时可达 6～7m/s，谷风通过山隘时，风速会相对增大。山风一般仅 1～2m/s，通常比谷风小一些。山谷风在峡谷地带时，整体还能增大一些。山谷风环流示意图如图 2-3 所示。

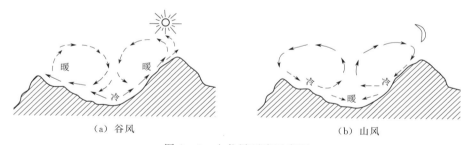

（a）谷风   （b）山风

图 2-3   山谷风环流示意图

焚风是山区特有的天气现象。当气流跨越山脊时，背风坡产生一种热而干燥的风，这种风被称为焚风。这种风不像山风那样经常出现，而是在山岭两面气压不同的条件下发生的。空气从山岭高气压区向低气压区流动时，受到山岭阻碍，空气被迫上升，气压降低，空气膨胀，温度也随之降低。空气翻过山脊后顺坡而下，在下降的过程中变得紧密且温度升高。因此，空气沿着高大的山岭沉降到山麓的时候，气温通常会有大幅度的提升，这就是焚风产生的原因。焚风环流示意图如图 2-4 所示。

峡谷风是由于狭管效应而产生的强风。当气流从开阔地区向两山对峙的峡谷地带流入时，由于空气不能在峡谷内堆积，于是气流将加速流过峡谷，这种比附近地区风速大得多的风被称为峡谷风。

图 2-4　焚风环流示意图

在风资源的开发利用过程中，需要对不同尺度的大气运动规律进行深入了解。在风能利用时，需要通过大尺度大气运动的规律来了解风的季度变化和年变化；在工程宏观选址时，要通过中尺度大气运动的规律来认识局部地区极端风的情况；在研究风电机组的风荷载和结构响应时，要通过小尺度大气运动的规律来掌握大气边界层内的湍流结构。

2.2　大气边界层

风资源的开发利用，需要通过建设风电场并安装风电机组来实现。综合考虑风电机组的轮毂高度与风轮扫风区域，风电场在竖直空间的作用和影响区域位于大气边界层（或大气行星边界层）内。大气边界层是指地球表面与大气中的空气交互作用的区域，它是大气层中最接近地球表面的一层。大气边界层的高度通常在地表上方数百米到一两千米之间，具体高度取决于地表粗糙度、地理条件和气象因素。大气边界层与一般流体边界层不同，要考虑大气层结构、地球重力和地球自转的影响。在这一层中，湍流交换在大气的动量、热力和水汽及其他微量气体的平衡中起重要作用。大气边界层中的热量和水分主要来源于下垫面，而动量主要来源于上层的气流运动。动量由上层输送到底层，以补偿由于下垫面不光滑而摩擦消耗的动量。同时，下垫面相关要素的变化通过大气运动传递到边界层顶部的过程，往往受到大气湍流涡的时间和空间尺度影响。大气边界层是人类日常活动和从事社会生产实践的地方，也是风资源工程的重点知识领域，几乎涵盖了风能利用相关的全部物理过程。基于湍流的角度出发，大气边界层可以认为是包含各种时空间尺度的湍流、且对湍流输送起着至关重要作用并导致气象要素日变化显著的底层大气。大气边界层垂直结构示意图如图 2-5 所示。

2.2.1　大气边界层湍流

大气边界层和一般流体的不同之处，在于大气始终处于旋转的地球之上，其密度、速度、温度等流动变量都是不均匀的，且随着高度不断变化；大气边界层内的气流受到摩擦阻力、蒸发、热传递、污染排放以及局部地形等因素的综合影响；同时，大气边界层流动的雷诺数通常都很高，大气运动特别是边界层内的大气运动具有完全湍动的性质。大气边界层中的湍流时间尺度小到分秒时间量级，大到可持续1天左右；湍流空间尺度小到毫米量级，大到与大气边界层厚度相当的百米或公里量级。这些都是研究大气湍流与一般流体湍流的重要差别之一。

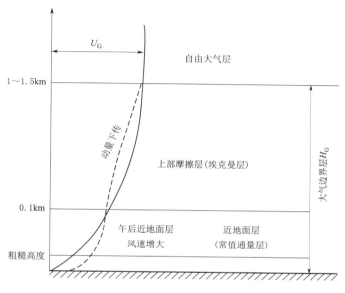

图 2-5　大气边界层垂直结构示意图

　　大气边界层湍流的基本特征包括随机性、非线性、扩散性、涡旋性、耗散性、间歇性，以及初始、边界条件的敏感性和多尺度性。大气边界层的特点取决于下垫面的动力和热力状况。在典型大气边界层流动中，从能量的角度看，湍流的形成能量来源于机械做功和浮力做功。机械做功指由于空气在地表的零流速特性，使得大气边界层中的空气流动在垂直方向形成速度切变，导致空气微团因垂直位移产生了较大的扰动速度，湍流切应力对空气微团做功，进而促使湍流生成。浮力做功与大气的稳定度有关：在不稳定大气中，浮力对垂直运动的空气微团做功，使湍流增强；在稳定大气中，随机上下运动的空气微团要反抗重力做功而失去动能，使湍流减弱。按照此能量学观点，大气湍流的产生和维持主要有机械湍流、热力湍流和波湍流3大类型。

2.2.1.1　机械湍流

　　在近地面层中，地面边界起着阻滞空气运动的不滑动底壁的作用，风速切变很大，涡度因而也大，流动是不稳定的，有利于湍流的形成。湍流一旦形成将通过湍流切应力做功，源源不断地将平均运动的动能转化为湍流运动的动能，使湍流维持下去。因此，在最靠近地面的气层中，大气一直维持湍流运动。在地形起伏的复杂地带，如森林、建筑物或山地和丘陵河谷，不滑动底壁是三维的。由于这些障碍物对气流的阻挡作用和切应力的作用，产生流动脱体和涡旋，具备触发湍流和能量补充的条件，因此大气流动始终是湍流的，而且往往很强。

2.2.1.2   热力湍流

热力湍流又称为对流湍流。白天地表吸收日光辐射增温，大气边界层中产生对流热泡或羽流。表面上看，对流热泡或羽流的流动是有组织的；实际上，各个单体出现的时间和地点却是随机的，表现为湍流状态的流动。由于流动的不稳定性和卷夹作用，热泡也会部分地破碎为小尺度湍流。对流湍流的能量来源是直接或间接地通过浮力做功取得的。除此之外，积云、积雨云及密卷云中的湍流也是对流湍流的一种，它们的出现还和云中水汽相变过程有关。

2.2.1.3   波湍流

大气呈稳定层结时，湍流通常较弱甚至消失，但稳定层结下的大气流动经常存在较强的风切变，这时会产生切变重力波。当风切变足够大时，运动成为不稳定的状态，流动随着波动振幅增大而破碎，破碎波的叠加便构成湍流。湍流一旦形成，上下层混合加强，风的切变随之减弱，流动又恢复到无湍流状态，如此往复交替。波动产生的湍流往往在空间上是离散的，在时间上是间歇的。它常常出现在夜间的稳定边界层中和白天的混合层顶。对流层晴空湍流的出现也常常和切变重力波相联系。这类湍流的动能最初来自于波动的能量（位能），湍流出现以后也可通过湍流切应力做功直接由平均运动动能得到。

2.2.2   大气边界层稳定度

大气热稳定度指大气边界层内大气受温度分布状况的影响，其物理性质垂直混合和扩散运动受到加强或抑制的程度。越稳定的大气其物理性质垂直扩散速度越慢，大气边界层内不同高度大气的物理性质差异性越大。不稳定的大气其物理性质垂直扩散则较快，大气边界层内不同高度大气的物理性质越容易达到较好的均匀性。

相同地理位置的大气热稳定度是随时间变化的。通常，白昼时不稳定，夜间变稳定；夏季的不稳定程度远高于冬季。相同时刻下不同地理位置的大气热稳定度也是不同的，例如沙地和树林上空的大气热稳定度存在较大差异。同时，大气热稳定度和大气边界层的厚度是对应的，通常大气边界层越不稳定，其厚度越大。

根据大气边界层的稳定度，可将其分为中性、稳定、不稳定 3 种状态。

2.2.2.1   中性大气边界层

大气中的空气微团在垂直方向中受的浮力与微团周围的环境温度梯度有关。假设将空气微团垂直移动时，其温度降低/升高的幅度与周围环境温度降低/升高的幅度正好相同，由于气压可以瞬态调节，空气微团的密度与周围环境的密度始终相同，此时不受浮力的作用，则称为中性大气边界层，在此状态下，其位温并不随着高度而变化，而是保持恒定（或者竖直方向梯度为零）。中性大气边界层主要的湍流能量产生机制是剪切作用，与之有关的为风切变和表面应力，而浮力作用极小，所以它一般出现在有浓厚云层的大风天气条件下。在清晨和黄昏不稳定大气边界层与稳定大气边界层的转换期，当大气的非定常状况较弱时，亦会有中性大气边界层出现。典型的中性大气边界层是不容易观测到的。鉴于中性大气边界层在理论上比较简单，不涉及能量（位温）与动量方程之间的耦合，且可以基于此了解大气边界层的共性，故目前在风电工程领域通常都是基于中性大气边界层的假定开展研究的。

2.2.2.2 稳定大气边界层

假设将空气微团垂直抬升，被抬升的空气微团温度将低于周围环境温度，则其承受向下的浮力，试图把气团移回原来的高度。在此类情况下，被抬升的空气微团总是会回到起始高度（或有回到起始位置的趋势），因此对于初始扰动是稳定的。因此当大气边界层内位温随着高度增加而升高时，则可定义为稳定大气边界层。在热力学方面，稳定大气边界层通常具有逆温（inversion）结构，其下部气温低于上部。稳定大气边界层是地表冷却的结果，以晴好天气下的夜间大气边界层（NBL）为例，日落后由于辐射收支为负，陆面温度快速下降并低于其上方大气，此时垂直方向的湍流热通量和大气逆辐射会使大气边界层中的大气逐渐损失热量，在近地层上方形成冷空气。这些冷空气与大气边界层上部残留层内暖空气形成逆温，从而形成稳定大气边界层。此时浮力的作用无法对湍动能进行补充，且湍流微团在垂直运动中需克服重力做功而产生动能损失，在一定程度上减弱了垂向扰动并抑制湍流能量。

然而，鉴于流动剪切应力和摩擦作用，湍流不会完全消失，而是维持在一个相对较弱的水平，在大气边界层中仍是一个不可忽略因子。此时，湍流的热量交换过程不占主导优势，辐射、平流层抬升以及复杂地形等因素产生的影响，与湍流热交换过程的影响程度相当。由于稳定大气边界层中的湍流相对较弱，涡旋的空间尺度较小，大气边界层不同高度层之间的相互作用变弱，使得下垫面的强制作用对大气边界层的影响力度减弱，达到大气边界层顶部的时间相对较长，使得典型的分层式湍流现象更容易形成。当稳定大气边界层产生并发展到中后期时，大气边界层内的传热、传质等过程随时间变化较弱，可以视为平稳的过程。

2.2.2.3 不稳定大气边界层

假设使空气微团承受向下的浮力，如果空气微团的温度高于周围环境的温度，则其承受向上的浮力，空气微团变轻而开始加速上升，使得空气微团越来越偏离它的起始平衡位置，这导致空气微团无法在新的位置重新建立平衡。在此类情况下，空气微团垂直位移越大，浮力越大，加速度也越大。这种状态对于初始扰动显然是不稳定的，因此称之为不稳定大气边界层。

由于太阳辐射对地面加热而引发的对流热泡是不稳定大气边界层湍流的原动力，它们的上升和下沉决定了大气边界层动力学结构的基本状态，因此不稳定大气边界层常被称为对流边界层。而大尺度强湍流的驱动，使其具有垂直方向的强烈混合，因此通常又被称为混合层。

不稳定大气边界层并非由风切变或机械摩擦主导，其发展的关键因素是在近地层保持一定的虚位温递减率进而形成热力驱动。地面输送的感热通量是热力驱动湍流能量的主要来源，这与中性大气边界层的形成机制是不同的。鉴于强烈的湍流混合作用，不稳定大气边界层中各流动变量和气象要素的垂向梯度均不大。在中等以上不稳定状态时，风速和气温沿着垂向高度接近均匀分布，湍流通量随高度近似线性变化。对流热泡的空间尺度大、时间尺度（寿命）长、携带的湍动能也大，由于对流热泡破碎产生的各次级湍流涡旋也异常活跃，导致对流边界层各气象属性的垂直分布比较均匀，具有整体的空间结构以及较强的时间相关性。

传统风电场的工程研究和应用中，考虑到对复杂数值模型的简化以及广泛适用性，大气边界层稳定度往往被假定为中性。然而，对于平均风速较低（＜6m/s）的风电场，热力湍流效应对大气的影响开始变得非常显著；对于海上大型风电场，大气热稳定度的影响超过地形和粗糙度的影响。同时大气边界层稳定度对处于其底层的风电场尾流有重要影响，表现在不同稳定度条件下尾流结构差异性分布。随着风电开发规模的不断扩大，在以沙漠、戈壁、荒漠地区为重点的风电基地外，风电开发已经向包含复杂地形地貌的区域以及近远海区域拓展。在复杂地形环境中，由于机械湍流、热力湍流、尾流等因素的综合作用，流场演变规律复杂，湍流强度大，与风电场设计开发密切相关的风资源评估、风功率预测等实际需求，对风电场大气边界层数值计算的精度提出了更高的要求。

大气边界层厚度与热稳定度有关。不稳定状态时其厚度通常在 600～1000m，稳定状态时厚度可能降至 150～200m。当前风电机组工作最高可延伸至接近 200m，因此研究需采用整个大气边界层高度风廓线模型。

2.2.3   大气边界层的风廓线

在大气边界层内，空气流动受到地面植物、建筑或其他障碍物的摩擦、涡流和黏性等因素影响，风速随高度发生变化。在接近地面处风速减小，离地面越高风速越大，随后风速保持相对稳定。这种风速沿高度的变化规律用风切变或风速廓线描述，平均风速随高度变化的规律目前有两种表达形式：按照实测结果推导出的指数律风剖面和由大气边界层理论推导出的对数律风剖面。

2.2.3.1   指数律风剖面

基于大量的观测资料整理分析可知，近地层中平均风速沿高度的变化规律可以用经验的指数律函数进行描述，即

$$\frac{U(z)}{U_{ref}} = \left(\frac{z}{z_{ref}}\right)^{\alpha} \tag{2-1}$$

式中 z_{ref}——参考离地高度，通常取 10m；

U_{ref}——参考离地高度处的平均风速；

z ——待求离地高度；

$U(z)$——距离地面 z 高度处的平均风速；

α ——切变系数或粗糙度指数，是一个经验指数，通常取 1/8～1/2。

α 的取值与地表粗糙度和大气边界层稳定度相关，不同国家的规范对于 α 和梯度风高度 z_G 的建议取值不同。我国的《建筑结构载荷规范》（GB 50009—2012）将地貌条件分为 4 类。4 类地表粗糙度类别及其对应的 α 和 z_G 取值见表 2-1。如果没有不同高度的实测风速，α 可取 1/7（约 0.143）作为近似值。

应用指数律风剖面描述平均风速廓线的前提条件是切变系数在梯度风高度 z_G 内保持不变，而且 z_G 仅为 α 的函数，梯度风高度以上的平均风速通常假定为常数。由于采用指数律函数分布计算平均风速廓线比较简洁，在风工程计算中常常可采用此经验方法。

表 2-1   4 类地表粗糙度类别及其对应的 α 和 z_G 取值

地表粗糙度类别	描　　述	z_G/m	α
A	近海海面、海岛、海岸、湖岸及沙漠地区	300	0.12
B	田野、乡村、丛林、丘陵及房屋比较稀疏的乡镇和城市郊区	350	0.16
C	有密集建筑群的城市市区	400	0.22
D	有密集建筑群且房屋较高的大城市市区	450	0.30

2.2.3.2 对数律风剖面

风的很大一部分是在大尺度上由势能转化成动能而生成的。在大气边界层底部，约 10％的大气边界层厚度范围内的近地层，风是本地压力梯度（势能）、地表摩擦和由湍流导致的向下动量传导综合作用的结果。由于紧贴地面的风速通常为 0，那么地面对紧贴地面的空气的施加应力可以认为是无限大的，风切变就是这种应力直接导致的结果。随着离地高度的增加，应力逐渐减小，而风切变也随之变小。在近地层内部，该过程是单调变化的。由于在大气中这种应力及相关联的动量流是湍动的，通过建立湍流和风切变之间的关系，并假设近地层摩擦速度随高度恒定（即湍流动量通量在近地层为常数），进而得到中性大气边界层条件下近地层内平均风速剖面，即

$$u(z) = \frac{u^*}{\kappa} \ln \frac{z + z_0}{z_0} \qquad (2-2)$$

式中　u^*——摩擦速度，它是湍流动量通量的二次方根，代表特定大气条件下地表使空气动量减少的程度；

　　　κ——冯卡门常数，实验值在 0.3～0.42 之间，一般取 0.4；

　　　z_0——地表粗糙度，表示风速为 0 时真实表面的高度。

z_0 可以看作地面上湍流涡旋尺度的量度，鉴于局部气流的不均匀性，故其测量的差异性较大。常见地表下垫面类型的 z_0 值见表 2-2。

由式（2-2）可以看出，在近地层中，平均风速与离地高度之间存在对数关系，因此近地层的风廓线通常被称为对数律风剖面。

表 2-2   常见地表下垫面类型的 z_0 值

地表下垫面类型	z_0/m	地表下垫面类型	z_0/m
冰面	$10^{-5} \sim 10^{-4}$	长草、农作物	0.05
平静的海面	10^{-4}	城镇郊区	0.4
雪地	10^{-3}	城市森林	1
短草	10^{-2}	大都市中心、丘陵区	1～3

在非中性大气边界层下，湍流涡旋的形状并非理想的圆形，也并不是各向同性的。稳定大气边界层的湍流涡旋被认为是在水平方向下产生了拉伸，而不稳定大气边界层的湍流涡旋被认为是在垂直方向下产生了拉伸（甚至呈柱状）。根据 Monin-Obukhov 相似性理论，需要对中性大气边界层下的对数轮廓线进行修正，即

$$u(z) = \frac{u^*}{\kappa} \left[\ln \frac{z + z_0}{z_0} + \varphi \left(\frac{z}{L} \right) \right] \qquad (2-3)$$

式中　$\varphi \left(\dfrac{z}{L} \right)$ ——大气热稳定度函数，通常是离地高度 z 和 Monin-Obukhov 稳定长度 L 的函数。

　　研究表明，大气边界层厚度 10% 以内（通常约为 $100\mathrm{m}$ 高度范围）平均风速剖面均满足对数律。在强风天气条件下，对数律的适用高度可达 $200\mathrm{m}$ 左右。对于风轮顶部超过 $100\mathrm{m}$ 的大型风电机组，至少部分经常在近地层以外运行。此时，不能仅用近地层描述的垂直轮廓关系和规律进行风资源的评估，而必须考虑近地层之上（即埃克曼层）更复杂的风气候，其主要区别特征是风随着高度的升高发生转向。

2.3　大气边界层流动的数学描述

　　根据大气边界层运动及传热的基本原理，以流体力学为基础的数值模拟方法已成为研究复杂地形风电场风资源评估的重要工具。通过建立描述大气边界层流动的 Navier-Stokes 基本控制方程组（以下简称 N - S 方程），运用不同的湍流模式及其算法，对风速、压力、温度等变量进行求解，进而得到整场任意位置的风资源情况。

2.3.1　大气边界层基本控制方程

　　鉴于大气边界层中空气流动的速度远小于 0.3 倍声速，故空气可看作不可压缩介质。用于定量描述微尺度大气湍流运动状态的基础方程包括：不可压缩流体的连续性方程、动量方程、热（能）量方程。大气边界层运动规律遵循流体力学的基本定律，但与经典流体力学范畴的流动有着明显的差别。

　　（1）大气边界层运动发生在地球表面，地球表面围绕地轴做圆周运动，大气运动动量方程比经典流体力学多出了科里奥利（地转偏向力）加速度项。

　　（2）大气边界层运动发生在地球重力场中，大气温度在地表辐射作用下，垂直方向呈多种层结形态，表现为浮力作用，故需要在动量方程中添加相关热浮力项。

　　（3）对应动量方程加入的热浮力项，需要引入以温度变量为核心的能量输运方程，与动量方程进行耦合计算求解。

　　（4）大气边界层运动的雷诺数范围广且量级很高，是显著的湍流运动，尤其是低层与地面接触的大气部分，故需要采用相应的湍流模型对动量与能量方程组进行闭合。

2.3.1.1　连续性方程

　　连续性方程又称质量守恒方程，在不可压缩流体的假设下，大气边界层运动的连续性方程（采用 Einstein 求和标记法）为

$$\frac{\partial u_i}{\partial x_i} = 0 \, (i = 1, 2, 3) \qquad (2-4)$$

式中　x_i ——笛卡尔坐标系的 3 个坐标轴方向；

　　　　u_i ——流场瞬态速度的三维分量。

大气湍流运动特征满足上述风速散度为零的条件。

2.3.1.2　动量方程

考虑地转偏向力作用以及地球重力场，大气边界层流动的不可压缩动量方程为

$$\frac{\partial \rho u_i}{\partial t} + \frac{\partial \rho u_j u_i}{\partial x_j} = -\frac{\partial p}{\partial x_i} + \frac{\partial \tau_{ij}^v}{\partial x_j} - 2\rho \varepsilon_{ijk} \Omega_j u_k + \rho g_i \tag{2-5}$$

其中

$$\Omega_j = \omega(0, \cos\varphi, \sin\varphi)$$

$$\omega = \frac{2\pi}{24hr} = 7.27 \times 10^{-5} \, \mathrm{rad/s}$$

$$\tau_{ij}^v = 2vS_{ij}$$

$$S_{ij} = \frac{1}{2}\left(\frac{\partial u_i}{\partial x_j} + \frac{\partial u_j}{\partial x_i}\right)$$

式中　t ——时间变量；

ρ ——空气密度；

p ——流场动压。

ε_{ijk} ——交替单位张量；

Ω_j ——地球自转的角速度；

g_i ——重力加速度的矢量表述，$(0, 0, -9.81)\ \mathrm{m/s^2}$；

φ ——地球纬度；

τ_{ij}^v ——黏性应力张量；

v ——空气的运动黏度，取 $1 \times 10^{-6}\ \mathrm{m^2/s}$；

S_{ij} ——应变率张量。

通过引入 Boussinesq 假设，即在自然对流中，除了动量方程重力项中的密度是温度的函数外，其他所有求解方程中的密度均认为是常数，参考位温 θ_0 处的参考密度记为 ρ_0，将式（2-5）中重力项以外的 ρ 用 ρ_0 代替，并同时除以 ρ_0，得到

$$\frac{\partial u_i}{\partial t} + \frac{\partial u_i u_j}{\partial x_j} = -\frac{1}{\rho_0}\frac{\partial p_{\mathrm{mod}}}{\partial x_i} + \frac{1}{\rho_0}\frac{\partial \tau_{ij}^v}{\partial x_i} - 2\varepsilon_{ijk}\Omega_j u_k + \frac{\rho}{\rho_0}g_i \tag{2-6}$$

其中重力项中的 ρ 可以近似用位温的线性函数关系描述，即

$$\rho \approx \rho_0[1 - \beta(\theta - \theta_0)] = \rho_0 \rho_k$$

$$\theta = T\left(\frac{p_0}{p}\right)^{0.286}$$

式中　β ——体积热膨胀系数；

θ ——干空气气团绝热上升或下沉到某一参考高度时的温度（通常以气压 1000hPa 的高度为参考高度），可通过绝对温度 T 和气压 p 计算得到，其中 p_0 通常取标准大气压。

经过相关变换后，式（2-5）变为

$$\frac{\partial u_i}{\partial t} + \frac{\partial u_i u_j}{\partial x_j} = -\frac{1}{\rho_0}\frac{\partial p_{\mathrm{mod}}}{\partial x_i} + \frac{1}{\rho_0}\frac{\partial \tau_{ij}^v}{\partial x_i} - 2\varepsilon_{ijk}\Omega_j u_k - g_3 x_3 \frac{\partial \rho_k}{\partial x_i} \tag{2-7}$$

其中

$$p_{\text{mod}} = p - \rho_0 g_3 x_3$$

$$\rho_k = 1 - \beta(\theta - \theta_0)$$

2.3.1.3　热（能）量方程

考虑到空气温度可因上升或下沉过程中气压的变化而变化，不能真实反映热量的收支情况，这里空气温度不用实际温度 T 而采用位温 θ 进行表征。热力学第一定律描述焓的守恒，描述大气边界层流场位温 θ 的热量输运方程可表示为

$$\frac{\partial \theta}{\partial t} + \frac{\partial u_j \theta}{\partial x_j} = -\frac{\partial q_j}{\partial x_j} \tag{2-8}$$

式中　q_j——潜热通量，可根据采用的湍流模式，基于位温梯度进行参数化描述。

2.3.2　大气边界层湍流控制方程

大气边界层中的气流运动以湍流为主。随着风电项目对风况预测精度要求的不断提高，以往用于空气动力学精细流场计算的微尺度 CFD 模式在风资源评估领域得到广泛应用。该模式中的"微尺度"包含从整个风电场"百米"量级的宏观大气运动，到近地区域"米"量级的边界层微观流动，通过在近地层生成的高精度网格，模拟大气流动在复杂地貌周围产生的边界层分离等现象；同时，通过修正湍流模型，亦可对不同热力状态的大气对流进行模拟，达到同时考虑机械湍流和热力湍流的目的，从而精确地预测出风能转换区域（地表以上 300m 范围）内的风资源分布。因此，按照湍流时间、空间尺度的解析程度，从低到高可分为雷诺平均（Reynolds-averaged Navier-Stokes，RANS）和大涡模拟（large eddy simulation，LES）模式。

2.3.2.1　RANS 模式

RANS 模式对流场瞬态变量采用雷诺分解（Reynolds decomposition）后，将上述基本 N-S 方程组取系综平均，仅求解流动变量的平均特征，将瞬态的湍流脉动用雷诺应力张量（Reynold stress，$\tau_{ij}^R = \langle u_i' u_j' \rangle$）来描述，经重整后，RANS 模式下的大气边界层流动控制方程组如下：

连续性方程为

$$\frac{\partial \langle u_i \rangle}{\partial x_i} = 0 \tag{2-9}$$

动量方程为

$$\frac{\partial \langle u_i \rangle}{\partial t} + \frac{\partial \langle u_i \rangle \langle u_j \rangle}{\partial x_j} = -\frac{1}{\rho_0} \frac{\partial p_{\text{mod}}^R}{\partial x_j} - \frac{1}{\rho_0} \frac{\partial \tau_{ij}^{R_d}}{\partial x_j} + v \frac{\partial^2 \langle u_i \rangle}{\partial x_j \partial x_j} - 2\varepsilon_{ijk} \Omega_j \langle u_k \rangle - g_3 x_3 \frac{\partial \rho_k}{\partial x_j} \tag{2-10}$$

热量方程为

$$\frac{\partial \langle \theta \rangle}{\partial t} + \langle u_j \rangle \frac{\partial \langle \theta \rangle}{\partial x_j} = -\frac{\partial q_j^R}{\partial x_j} \tag{2-11}$$

式（2-9）~式（2-11）中，$\langle\ \rangle$ 表示相关流动变量的系综平均，将雷诺应力 $\langle u_i' u_j' \rangle$ 中的各向同性部分集中到压力项中，得到压力修正 $p_{\text{mod}}^R = \langle P \rangle - \rho_0 g_3 x_3 + \frac{1}{3} \tau_{kk}^R \delta_{ij}$，以及对

应的雷诺偏应力（deviatoric part）项 $\tau_{ij}^{R_d} = \tau_{ij}^R - \frac{1}{3}\tau_{kk}^R \delta_{ij}$。潜热通量 q_j^R 则同时包含了黏性与雷诺应力效应。由于 RANS 模式在不稳定和稳定状态的大气结层下缺少描述湍流长度尺度的一致性理论方程式，使得由温度变化引起的热力湍流模型在闭合参数上存在着较大的不确定性，故 RANS 模式大多适用于以中性大气边界层为主导的风资源评估工作中。

RANS 模式旨在通过代数、微分或一般泛函形式的参数化湍流模型建立求解雷诺（偏）应力 $\tau_{ij}^{R_d}$ 的额外方程，使得平均运动方程组得以闭合。基于 Boussinesq 涡黏近似（Boussinesq eddy-viscosity approximation），雷诺偏应力项 $\tau_{ij}^{R_d}$ 可表示为

$$\tau_{ij}^{R_d} = -2\rho_0 v_T \langle S_{ij}\rangle \tag{2-12}$$

其中

$$\langle S_{ij}\rangle = \frac{1}{2}\left(\frac{\partial\langle u_i\rangle}{\partial x_j} + \frac{\partial\langle u_j\rangle}{\partial x_i}\right)$$

式中　$\langle S_{i,j}\rangle$——流动应变率的均值；

　　　　v_T——湍流黏度。

将式（2-12）代入式（2-10）中，仅考虑中性大气边界层，得到动量方程的最终表达形式为

$$\frac{\partial\langle u_i\rangle}{\partial t} + \frac{\partial\langle u_i\rangle\langle u_j\rangle}{\partial x_j} = -\frac{1}{\rho_0}\frac{\partial p_{\mathrm{mod}}^R}{\partial x_i} + \frac{\partial}{\partial x_j}\left[(v+v_T)\frac{\partial\langle u_i\rangle}{\partial x_j}\right] + \frac{\partial v_T}{\partial x_j}\frac{\partial\langle u_j\rangle}{\partial x_i} - 2\varepsilon_{ijk}\Omega_j\langle u_k\rangle \tag{2-13}$$

由此可以看出，RANS 模式的本质在于采用相关的数学模型对湍流黏度 v_T 进行描述，进而对流动控制方程组进行闭合。

2.3.2.2　LES 模式

湍流可以看作是由不同尺度的涡旋流动叠加而成的三维非稳态的不规则运动。LES 模式通过对湍流运动的空间过滤，将瞬态湍流通过滤波操作（filtering operation）分解为可解尺度湍流（包含大尺度涡）和不可解尺度湍流（包含所有小尺度涡）。可解尺度湍流通过数值计算对控制方程直接求解，不可解尺度湍流的质量、动量以及能量输运对可解尺度湍流的影响采用亚格子（sub-grid-scale，SGS）模型进行参数化描述。经重整后，LES 模式下的大气边界层流动控制方程组如下：

连续性方程为

$$\frac{\partial \bar{u}_i}{\partial x_i} = 0 \tag{2-14}$$

动量方程为

$$\frac{\partial \bar{u}_i}{\partial t} + \frac{\partial \bar{u}_i\bar{u}_j}{\partial x_j} = -\frac{1}{\rho_0}\frac{\partial p_{\mathrm{mod}}^{\mathrm{SGS}}}{\partial x_j} - \frac{1}{\rho_0}\frac{\partial \tau_{ij}^{\mathrm{SGS}_d}}{\partial x_j} + v\frac{\partial^2 \bar{u}_i}{\partial x_j \partial x_j} - 2\varepsilon_{ijk}\Omega_j\bar{u}_k - g_3 x_3\frac{\partial \rho_k}{\partial x_j} \tag{2-15}$$

热量方程为

$$\frac{\partial \bar{\theta}}{\partial t} + \bar{u}_j\frac{\partial \bar{\theta}}{\partial x_j} = -\frac{\partial q_j^{\mathrm{SGS}}}{\partial x_j} \tag{2-16}$$

式（2-14）~式（2-16）中，"￣"表示相关流动变量的空间尺度过滤（滤波），

形成可解尺度。将亚格子应力张量 $\tau_{ij}^{\mathrm{SGS}} \equiv \overline{u_i u_j} - \bar{u}_i \bar{u}_j$ 中的各向同性部分集中到压力项中，得到压力修正 $p_{\mathrm{mod}}^{\mathrm{SGS}} = \bar{P} - \rho_0 g_3 x_3 + \dfrac{1}{3}\tau_{kk}^{\mathrm{SGS}}\delta_{ij}$，以及对应的亚格子偏应力项 $\tau_{ij}^{\mathrm{SGS_d}} = \tau_{ij}^{\mathrm{SGS}} - \dfrac{1}{3}\tau_{kk}^{\mathrm{SGS}}\delta_{ij}$。亚格子潜热通量 $q_j^{\mathrm{SGS}} \equiv \overline{u_j \theta} - \bar{u}_j \bar{\theta}$ 则同时包含了黏性与亚格子应力效应。

LES 模式旨在通过代数、微分或一般泛函形式的参数化湍流模型建立求解亚格子（偏）应力 $\tau_{ij}^{\mathrm{SGS_d}}$ 的额外方程，使得可解运动方程组得以闭合。基于 Boussinesq 涡黏近似，亚格子偏应力项 $\tau_{ij}^{\mathrm{SGS_d}}$ 可表示为

$$\tau_{ij}^{\mathrm{SGS_d}} = -2\rho_0 v_{\mathrm{SGS}} \bar{S}_{ij} \tag{2-17}$$

其中

$$\bar{S}_{ij} = \frac{1}{2}\left(\frac{\partial \bar{u}_i}{\partial x_j} + \frac{\partial \bar{u}_j}{\partial x_i}\right)$$

式中 $\bar{S}_{ij}$——流动应变率的滤波值；

v_{SGS}——亚格子黏度。

将式（2-17）代入式（2-15）中，得到动量方程的最终表达形式为

$$\frac{\partial \bar{u}_i}{\partial t} + \frac{\partial \bar{u}_i \bar{u}_j}{\partial x_j} = -\frac{1}{\rho_0}\frac{\partial p_{\mathrm{mod}}^{\mathrm{SGS}}}{\partial x_i} + \frac{\partial}{\partial x_j}\left[(v + v_{\mathrm{SGS}})\frac{\partial \bar{u}_i}{\partial x_j}\right] + \frac{\partial v_{\mathrm{T}}}{\partial x_j}\frac{\partial \bar{u}_j}{\partial x_i} - 2\varepsilon_{ijk}\Omega_j \bar{u}_k - g_3 x_3 \frac{\partial \bar{\rho}_k}{\partial x_j} \tag{2-18}$$

由此可以看出，LES 模式的本质亦在于采用相关的数学模型对亚格子黏度 v_{SGS} 进行描述，进而对流动控制方程组进行闭合。综上所述，大气边界层湍流控制方程组的重整过程中，可将 LES 模式与 RANS 模式在形式上保持相似，只是在对瞬态流动变量的分解方式（RANS 模式采用雷诺分解，LES 模式采用滤波分解），以及对应的不可解应力（RANS 模式为雷诺应力，LES 模式为亚格子应力）的物理意义上有所区别。这一特征有利于后续采用数值方法求解时两类湍流模型的模块化处理，以便根据计算评估时的实际湍流解析度需求而选用。

2.4   大气边界层湍流模型

2.4.1   RANS 湍流模型

RANS 模式下，为使得湍流封闭，需要对控制方程采用雷诺分解和系综平均后产生的雷诺应力（或其偏应力项）进行模拟，通常有两大类处理方式：一是采用 Boussinesq 涡黏假设将雷诺应力与平均速度梯度进行关联，通过求解湍流黏度进行闭合；二是推导出与雷诺应力关联的输运方程 [即雷诺应力模型（Reynolds stress model，RSM）]，进行闭合。

以 Boussinesq 涡黏假设为基础的 RANS 湍流模型，动量方程中雷诺（偏）应力被看作速度梯度和湍流黏度 v_{T} 的函数，最终流场求解的关键在于湍流黏度 v_{T} 的数学模型描述，进而对 RANS 模式下的大气边界层流动控制方程组进行闭合。基于量纲分析，湍流黏度 v_{T} 可以通过湍流速度尺度 ϑ 和湍流长度尺度 l 相乘得到，即 $v_{\mathrm{T}} = C\vartheta l$，其中 C 为无量纲常数。以下将基于 ϑ 和 l 的描述方式，对风资源评估中常用的 RANS 湍流模型进行介绍。

2.4.1.1 $k-\varepsilon$ 模型

将湍流速度尺度 ϑ 用湍动能（turbulent kinetic energy）k 表示，即 $\vartheta \sim k^{1/2}$，其中 $k = \frac{1}{2}\langle u_i' u_j'\rangle$；将湍流长度尺度 l 用湍动能 k 和湍动能耗散率 ε 表示，即 $l = \frac{k^{3/2}}{\varepsilon}$，基于量纲分析，得到湍流黏度 v_{T} 的表达式为

$$v_{\mathrm{T}} = C\vartheta l = C_\mu \frac{k^2}{\varepsilon} \tag{2-19}$$

式中 C_μ ——无量纲模型常数。

标准的 $k-\varepsilon$ 模型通过求解 k 和 ε 的输运方程得到 v_{T}，对流动控制方程进行闭合，k 和 ε 的偏微分输运方程为

$$\frac{\partial k}{\partial t} + \langle u_j\rangle \frac{\partial k}{\partial x_j} = \frac{\partial}{\partial x_i}(\frac{v_{\mathrm{T}}}{\sigma_k}\frac{\partial k}{\partial x_j}) + P_k - \varepsilon \tag{2-20}$$

$$\frac{\partial \varepsilon}{\partial t} + \langle u_j\rangle \frac{\partial \varepsilon}{\partial x_j} = \frac{\partial}{\partial x_i}(\frac{v_{\mathrm{T}}}{\sigma_k}\frac{\partial \varepsilon}{\partial x_j}) + C_{1\varepsilon}\frac{\varepsilon}{k}P_k - C_{2\varepsilon}\frac{\varepsilon^2}{k} \tag{2-21}$$

其中
$$P_k = 2v_{\mathrm{T}}\langle S_{ij}\rangle \langle S_{ij}\rangle$$

式中 P_k ——湍动能生成率。

式（2-20）中其余5个适应性常数的标准取值为 $C_\mu = 0.09$，$\sigma_k = 1.11$，$\sigma_\varepsilon = 1.30$，$C_{1\varepsilon} = 0.09$，$C_{2\varepsilon} = 1.92$。

以标准的 $k-\varepsilon$ 模型为基础，$k-\varepsilon$ 族双方程湍流模型还包括重整化群（renormalization group，RNG）$k-\varepsilon$ 模型以及 Realizable $k-\varepsilon$ 模型。3种模型基本形式相似，都是关于 k 和 ε 的输运方程，主要区别在于：湍流黏度的计算方法、控制 k 和 ε 湍流扩散的湍流 Prantl 常数、ε 方程的生成和耗散项。由于 $k-\varepsilon$ 族双方程湍流模型是基于湍流完全发展的假设而建立的，且忽略了分子黏性作用，故通常适用于湍流完全发展的流动。然而，当地表弧度变化较大导致湍流边界层处于逆压梯度直至流动分离状态时，标准 $k-\varepsilon$ 及其衍生模型由于其壁面函数在低雷诺数时的局限性，造成了在近地流场模拟的不准确性。

2.4.1.2 SST $k-\omega$ 模型

由于湍动能耗散率 ε 并不是决定长度尺度 l 的唯一变量，亦可使用湍流频率（turbulence frequency）$\omega = \frac{\varepsilon}{k}$ 对 l 进行推导，得到 $l = \frac{k^{1/2}}{\omega}$。剪应力传输（shear stress transmission，SST）$k-\omega$ 双方程湍流模型综合了 $k-\omega$ 模型中湍流变量的近地层可积分性，以及 $k-\varepsilon$ 模型中湍流变量在远地层自由流的初始假设不敏感性，使其在钝体周边以及压力诱导分离的边界层流动计算中较 $k-\varepsilon$ 类模型具有更高的可信度与准确度。湍流黏度 v_{T} 通过剪应力输运机理下的 $k-\omega$ 模型计算得到，即 SST $k-\omega$ 模型，有

$$v_{\mathrm{T}} = a_1 \frac{k}{\max(a_1\omega, |\langle S\rangle|F_2)} \tag{2-22}$$

其中
$$|\langle S\rangle| = \sqrt{2\langle S_{ij}\rangle\langle S_{ij}\rangle}$$

$$F_2 = \mathrm{th}\left[\max\left(\frac{2\sqrt{k}}{\beta^*\omega x_3}, \frac{500v}{x_3^2\omega}\right)\right]^2 \tag{2-23}$$

式中　　a_1——常系数，取 0.31；

　　$|\langle S \rangle|$——平均流动应变率张量的不变测度（invariant measure）；

　　F_2——混合函数（blending function）；

　　β^*——常数，取 0.09；

　　x_3——当前计算网格至下垫面的数值距离。

SST $k-\omega$ 模型中，k 和 ω 的偏微分输运方程为

$$\frac{\partial k}{\partial t} + \langle u_j \rangle \frac{\partial k}{\partial x_j} = \frac{\partial}{\partial x_j}\left[v + \sigma_k v_T\right]\frac{\partial k}{\partial x_j} + \widetilde{P}_k - \beta^* k\omega \qquad (2-24)$$

$$\frac{\partial \omega}{\partial t} + \langle u_j \rangle \frac{\partial \omega}{\partial x_j} = \frac{\partial}{\partial x_j}\left[(v + \sigma_\omega v_T)\frac{\partial \omega}{\partial x_j}\right] + 2\gamma\langle S_{ij}\rangle\langle S_{ij}\rangle - \beta\omega^2 + 2(1-F_1)\sigma_{\omega_2}\frac{1}{\omega}\frac{\partial k}{\partial x_k}\frac{\partial \omega}{\partial x_k}$$

$$\qquad (2-25)$$

其中
$$\widetilde{P}_k = \min(P_k, 10\beta^* k\omega)$$

$$F_1 = \text{th}\left\{\left\{\min\left[\max\left(\frac{\sqrt{k}}{\beta^*\omega x_3}, \frac{500v}{x_3^2\omega}\right), \frac{4\sigma_{\omega_2}k}{CD_{k\omega}x_3^2}\right]\right\}^4\right\} \qquad (2-26)$$

$$CD_{k\omega} = \max\left(2\sigma_{\omega_2}\frac{1}{\omega}\frac{\partial k}{\partial x_j}\frac{\partial \omega}{\partial x_j}, 10^{-10}\right)$$

式中　　F_1——混合函数。

式（2-25）和（2-26）中的其他常数（$\sigma_k, \sigma_\omega, \gamma, \beta$）则是基于 $k-\varepsilon$ 模型和原始 $k-\omega$ 模型的混合计算方法得到，即 $C = C_1 F_1 + C_2(1-F_1)$，且两组常数分别为：$\sigma_{k_1} = 0.5, \sigma_{\omega_1} = 0.5$，$\gamma_1 = 5/9, \beta_1 = 0.075$；$\sigma_{k_2} = 1.0, \sigma_{\omega_2} = 0.856, \gamma_2 = 0.44, \beta_2 = 0.0828$。

上述各类双方程 RANS 模式作为最简洁、高效的完整湍流模拟方法，其原型以及优化模式已经被模块化嵌入到微尺度精细模式的风资源评估商业软件中，如常用的 WindSim、MeteodynWT 等产品，以方便科研与工程人员快捷选用。

RANS 湍流模型均基于各向同性湍流所建立，在描述高度弯曲的几何边界引起的旋转和高应变流动时，从机理上无法完全反映雷诺应力的各向异性，因此在对复杂地形下风速的二阶矩统计特征（即风速标准差）的预测上存在着不同程度的偏差。除此之外，由于 RANS 模式在不稳定和稳定状态的大气层结下缺少描述湍流长度尺度的一致性理论方程式，使得由温度变化引起的热力湍流模型在闭合参数上存在着较大的不确定性，故基于双方程 RANS 湍流模型的微尺度精细模式大多适用于以中性大气边界层为主导的风资源评估工作。

2.4.1.3　雷诺应力模型

为了克服双方程湍流模型的不足，有必要对湍流雷诺应力 $\langle u_i' u_j' \rangle$ 直接建立微分方程进行求解。与基于 Boussinesq 涡黏假设的湍流模型不同，雷诺应力模型直接针对 RANS 模式动量方程中的二阶脉动项建立相应的偏微分方程组。鉴于雷诺应力模型比双方程湍流模型更加严格地考虑了流线型弯曲、旋涡旋转和张力的快速变化，对于复杂地形条件下的大气边界层流动具备更高的模拟精度。但是由于涉及湍动能 k、湍动能耗散率 ε 以及 6 个雷诺应力张量项，因此需要额外增加多个方程，计算量明显大于双方程模型。

2.4.2　LES 湍流模型

亚格子黏度 v_{SGS} 通常由高能量的不可解尺度涡，即略小于滤波截断长度（filter cut-off width，Δ）涡的特征来决定。基于量纲分析，亚格子黏度 v_{SGS} 可由亚格子长度尺度 l_S 和亚格子（小）尺度涡速度尺度 v_S 描述，即 $v_{SGS} \sim l_S \cdot v_S$。LES 模式根据 v_{SGS} 的计算复杂程度，可分为经典 Smagorinsky 模型、一方程涡黏模型和动力模型。

2.4.2.1　经典 Smagorinsky 模型

类比混合长度假设（mixing-length hypothesis），亚格子长度尺度 l_S 可认为与滤波截断长度 Δ 成比例关系；亚格子（小）尺度涡速度尺度 v_S 可由亚格子长度尺度 l_S 与流动应变率的滤波特征值 $|\bar{S}|$ 的乘积决定，其中 $|\bar{S}| = \sqrt{2\bar{S}_{ij}\bar{S}_{ij}}$。经典 Smagorinsky 模型为大气边界层湍流模拟而建立，其亚格子黏度 v_{SGS} 的计算式为

$$v_{SGS} \sim l_S \cdot v_S = (C_S \Delta)^2 |\bar{S}| \tag{2-27}$$

式中　C_S——Smagorinsky 常数，通常由均匀各向同性湍流惯性子范围内的网格尺度决定。

滤波截断长度 $\Delta = \sqrt[3]{\Delta x_1 \Delta x_2 \Delta x_3}$，其中 Δx_1、Δx_2、Δx_3 为笛卡尔坐标系下当地六面体网格单元在 x_1、x_2 和 x_3 方向的长度。

因此，采用经典 Smagorinsky 模型对大气边界层湍流进行模拟时，需要提前预知 C_S 值，通过分析大气湍流能谱图中惯性子区各向同性小尺度涡的衰减率，建议其具体取值范围在 0.1～0.23。

经典 Smagorinsky 模型将 C_S 值做全场均一化指定，然而，通过全场均一化的 C_S 常数以及相应的速度梯度计算得到的 SGS 涡黏系数通常难以出现零黏度的情况，均一化的 C_S 无法完全、合理地反映整个流场区域的不同流动现象，尤其是在近地区域逐渐衰减的物理特征。故作为最简洁的大涡模拟方法，经典 Smagorinsky 模型通常用于平缓地形各项同性大气湍流的模拟。

2.4.2.2　一方程涡黏模型

对于复杂地形，由于近地层区域较大的风速梯度引起的各向异性湍流，使得亚格子湍动能的生成与耗散难以达到平衡。针对此非平衡状态，一方程涡黏模式通过引入 SGS 湍动能输运方程，改进了大气流动近地层 SGS 涡黏系数的计算方式。然而，由于一方程涡黏模式和经典 Smagorinsky 模型的总体耗散性，其湍动能仅能从可解尺度向亚格子尺度传输，而无法反映实际湍流在可解尺度附近的局部能量逆转。

2.4.2.3　动力模型

为克服上述 SGS 模式的缺陷，动力模型基于可解尺度脉动的局部特性，动态地确定模型系数 C_S，使其成为流场空间与时间的函数，进而动态计算 SGS 涡黏系数。动力模型的基本思想是通过两次空间过滤，把湍流局部结构信息引入到亚格子应力中。将 LES 动量方程进行两次过滤尺度不同的滤波运算，采用测试滤波器对流场进行二次滤波操作后，亚格子应力张量则变为亚格子测试应力（subtest scale stress，STS）张量，即

$$T_{ij} = \widetilde{\overline{\rho u_i u_j}} - \overline{\rho} \widetilde{\overline{u_i}} \widetilde{\overline{u_j}} \tag{2-28}$$

式中　$\sim$ ——以 $\widetilde{\Delta}$ 尺度的二次滤波操作，$\widetilde{\Delta}$ 尺度通常为 2Δ 。

将 τ_{ij}^{SGS} 进行二次滤波，并将两种不同滤波下的亚格子应力通过 Germano 特性关联，建立一次、二次过滤产生的亚格子应力间关系，进而在计算过程中调整模型系数，得到可用于动态计算模型系数的湍流局部可解流动信息，即

$$L_{ij} \equiv T_{ij} - \widetilde{\tau_{ij}^{\mathrm{SGS}}} = \widetilde{\rho u_i u_j} - \widetilde{\rho u_i} \widetilde{u_j} \tag{2-29}$$

式中　L_{ij} ——可解湍流应力张量，可以通过可解速度显性计算得到。

可解湍流应力张量可以粗略地解释为介于一次滤波尺度和测试（二次）滤波尺度之间的湍流尺度对亚格子应力张量的作用。

采用经典 Smagorinsky 模型中的 v_{SGS} 算法，未知项 T_{ij} 和 $\widetilde{\tau_{ij}^{\mathrm{SGS}}}$ 的偏应力部分（devatoric part）可计算为

$$T_{ij}^{\mathrm{d}} = T_{ij} - \frac{1}{3} T_{kk} \delta_{ij} = -2\rho [C_{\mathrm{S}}(\widetilde{\Delta}) \widetilde{\Delta}]^2 |\widetilde{\widetilde{S}}| \widetilde{\widetilde{S}}_{ij} \tag{2-30}$$

$$\widetilde{\tau_{ij}^{\mathrm{SGS}_{\mathrm{d}}}} = \tau_{ij}^{\mathrm{SGS}} - \widetilde{\frac{1}{3} \tau_{kk}^{\mathrm{SGS}} \delta_{ij}} = -2\rho \widetilde{[C_{\mathrm{S}}(\Delta)\Delta]^2 |\overline{S}| \overline{S}_{ij}} \tag{2-31}$$

式中　$C_{\mathrm{S}}(\widetilde{\Delta})$ ——测试滤波尺度下的 Smagorinsky 系数。

将式（2-30）和式（2-31）代入式（2-29），同时在尺度无关（scale invarient）的假设条件下，即 $C_{\mathrm{S}}(\Delta) = C_{\mathrm{S}}(\widetilde{\Delta}) = C_{\mathrm{S}}$ ，亚格子测试应力的偏应力张量部分可表示为

$$L_{ij} - \frac{1}{3} \delta_{ij} L_{kk} = C_{\mathrm{S}}^2 M_{ij} \tag{2-32}$$

其中

$$M_{ij} = 2\rho \Delta^2 (\widetilde{|\overline{S}| \overline{S}_{ij}} - 4\beta |\widetilde{S}| \widetilde{S}_{ij})$$

$$\beta = \frac{C_{\mathrm{S}}(\widetilde{\Delta})}{C_{\mathrm{S}}(\Delta)} = 1$$

$$\widetilde{\Delta} = 2\Delta$$

理论上，式（2-32）描述的关系须在每一空间点位、时间步长以及张量元素中满足，但实际中其是一个过度确定的系统，单一标量 C_{S} 下该等式不太可能完全被满足。因此，结合 Smagorinsky 模型算法与 Germano 特性，亚格子测试应力的偏应力张量部分的模拟误差为

$$e_{ij} = L_{ij} - \frac{1}{3} \delta_{ij} L_{kk} - C_{\mathrm{S}}^2 M_{ij} \tag{2-33}$$

式中，M_{ij} 和 L_{ij} 可通过滤波速度线性计算得到。误差 e_{ij} 可通过最小二乘法得到最小值，其对应的最优 C_{S}^2 值为

$$C_{\mathrm{S}}^2 = \frac{\langle L_{ij} M_{ij} \rangle}{\langle M_{ij} M_{ij} \rangle} \tag{2-34}$$

式中　$\langle \ \rangle$ ——不同模式的平均模式。

动力模型可获得的正、负状态的模型系数，可将局部能量的传输与逆转反映出来。同时，为确保模型系数在动态计算过程中的稳定性，需要根据流场边界的复杂程度，采取平面或拉格朗日平均的方式，以克服负涡黏系数在某些区域过长时间的残存而导致动态求解

的不稳定数值振荡。平面平均动力模型通常对模型系数在统计均匀的方向做空间平均，适用于平坦地形上空的水平均质湍流边界层模拟。对于异质与复杂地形上空的大气边界层湍流，则需要对模型系数沿着流体质点运动轨迹做加权时间平均，从而得到拉格朗日平均动力模型。

随着 SGS 涡黏模式算法的不断改进，以拉格朗日平均动力模型为核心的 LES 模型不仅能够用于独立山丘、峡谷与多山地带的中性大气边界层模拟中，并且通过引入 SGS 涡扩散模型，亦可对地表加热状态下的不稳定大气边界层进行模拟，从而研究热力湍流与机械湍流的共同作用。对于地表冷却状态下的稳定大气边界层，由于热力分层的原因使得整个流动尺度变得很小，导致对各变量的输运能力微弱，使得近地层的含能涡由于尺度过小而难以准确地过滤解析，故 SGS 涡扩散模型在稳定大气边界层中的应用依然在不断地完善发展中。

第 3 章
风切变时空演变规律

　　风切变是指在大气边界层中风速随高度变化的现象，是风资源在空间上分布不均的典型特征之一。在风资源评估过程中，需要根据风电机组轮毂高度处的风速推算发电量，但在实际测风中，测风仪器的高度配置并不一定能完全达到风电机组的轮毂高度，因而需根据风切变指数推算风电机组轮毂高度处的风速；另外在风电工程的实际应用中，风切变是确定风电机组轮毂高度的重要参数之一，风切变越大，增加风电机组轮毂高度的必要性就越强，反之则不需要增加轮毂高度，甚至出现负切变的情况时需要适当降低风电机组轮毂高度。

　　对风电工程领域涉及的风切变相关规律的研究，往往离不开大气热稳定度、地表粗糙度，以及风切变等基础理论，大气热稳定度和地表粗糙度是影响风切变的主要因素，三者之间密不可分。本章节重点对三者的基础理论进行介绍，以便更好地理解和掌握风切变的时空变化规律。

3.1 大气热稳定度基础理论

3.1.1 定义

对于大气热稳定度的定义有很多种，本书主要对以下 4 种主流的、与风电工程设计契合度较好的定义进行介绍。

（1）概念一：大气热稳定度指近地层大气作垂直运动的强弱程度，当气温垂直递减率 $\gamma > -1℃/100m$ 时，大气呈不稳定状态；$\gamma = -1℃/100m$ 时，大气呈中性状态；$\gamma < -1℃/100m$ 时，大气呈稳定状态。

（2）概念二：大气热稳定度指静力学稳定度。在浮力作用下空气微团垂直方向运动的稳定性，以平均温度梯度或反映浮力做功的指标为判据。

（3）概念三：大气热稳定度指大气湍流的状态，以理查逊数或相联系的指标为判据。按照定义，理查逊数是湍流的浮力作功和切应力作功之比值，包含着静力学稳定度判据，定性方面与静力学稳定度一致，因此对大气湍流状态相应地冠以不稳定、稳定和中性的名称。定量方面，大气湍流状态的稳定度与静力学稳定度有很大差别，如贴近地面气层数值常常很大，按照静力学稳定度应属于很不稳定或者很稳定，但因切应力作用更大，湍流状态实际上为近中性。又如对流边界层中部接近于 0，但湍流状态却属于很不稳定。大气湍流扩散与大气湍流状态有不可分的联系，大气扩散问题应用领域的大气热稳定度通常以由理查逊数或相联系的参数为基础所建立的稳定度分类法来划分。

（4）概念四：大气热稳定度指整层空气的稳定程度，以大气的气温垂直加速度运动来判定。大气中某一高度的一团空气，如受到某种外力的作用，产生向上或向下运动时，可以出现 3 种情况。

1）稳定状态。移动后逐渐减速，并有返回原来高度的趋势。

2）不稳定状态。移动后，加速向上或向下运动。

3）中性平衡状态。推到某一高度后，既不加速，也不减速而停下来。

大气热稳定度对于形成云和降水有重要作用，有时也称大气垂直稳定度。

综合以上几种定义，简而言之可以概括为：大气热稳定度是指大气垂直方向运动因温度分布状况的影响而受到抑制或加强的程度。

3.1.2 大气热稳定度分级方法

常用的大气热稳定度分级方法有 Pasquill（PL）法、Pasquill-Tuener（P-T）法、风向标准差（σ_θ）法、温度梯度（ΔT）法、温度梯度-风速法、风速比法、梯度理查逊数法等。大气热稳定度等级划分的正确与否直接影响后续大气热稳定度对风速分布影响的分析。

3.1.2.1 PL 法

PL 法是目前使用最广泛的大气热稳定度分级方法。该方法主要根据 10m 高度风速的实测数据、白天太阳的辐射量以及夜间的总云量等资料将大气热稳定度分为强不稳定、不稳定、弱不稳定、中性、较稳定和稳定六个等级，分别用字母 A、B、C、D、E 和 F 表示。通过内插值还能进一步细化为 A~B、B~C、C~D、D~E、E~F 几类。PL 法中的日间太阳辐射状况简单分为强、中、弱三级。该方法定义夜间为日落前一小时至日出后一小时；同时不论天空云量多少，将日出及日落前一小时的稳定度等级均定义为 D。这些基本量的确定逐渐成为后来分类的基础。

由于 PL 法只需要常规气象资料，简单实用，因此被广泛应用。但该方法只粗略考虑了热力因素与动力因素对大气热稳定度的影响，对于平坦开阔的农村地区来说适用性较强，而对于城市、水面、荒漠等特殊下垫面地区只能半定量地划分大气热稳定度级别。

3.1.2.2   P-T 法

P-T 法是 Tuener 进一步修正了的 PL 法。Tuener 首先根据太阳高度角给出了日照级数，然后根据天空云量状况对日照级数订正，得出净辐射指数，最后结合 10m 高度风速给出热稳定度等级。太阳辐射等级数及大气热稳定度分级见表 3-1 和表 3-2。

表 3-1   太 阳 辐 射 等 级 数

总云量/低云量	太阳辐射等级数				
	夜间	$h_0 \leqslant 15°$	$15° < h_0 \leqslant 35°$	$35° < h_0 \leqslant 65°$	$h_0 > 65°$
≤4/≤4	—	−1	+1	+2	+3
5～7/≤4	—	0	+1	+2	+3
≥8/≤4	—	0	0	+1	+1
≥5/5～7	0	0	0	0	+1
≥8/≥8	0	0	0	0	0

注　云量（全天空十分制）观测规则与国家气象局编订的《地面气象观测规范 总则》（GB/T 35221—2017）相同。h_0 为太阳高度角。

表 3-2   大 气 热 稳 定 度 分 级

地面风速 /(m/s)	太阳辐射等级数					
	+3	+2	+1	0	−1	−2
≤1.9	A	A～B	B	D	E	F
2～2.9	A～B	B	C	D	E	F
3～4.9	B	B～C	C	D	D	E
5～5.9	C	C～D	D	D	D	D
≥6	D	D	D	D	D	D

注　地面风速指距地面高度 10m 处 10min 平均风速，如使用气象站资料，其观测规则与国家气象局编订的《地面气象观测规范 总则》（GB/T 35221—2017）相同。

3.1.2.3 σ_θ 法

风向脉动是直接反映大气湍流程度的指标。风向脉动角的大小与扩散参数有着直接的关系，以此作为划分扩散稳定度的指标是较好的，但是对脉动角的测量容易受到采样地点的局地影响及仪器性能的影响而难具代表性。

斯来德建议用 30min 内风向的最大变幅除以 6 来代替。σ_θ 法取气象铁塔某高度 1h 的水平风向标准差来确定大气热稳定度，风向为 θ。

$$\sigma_\theta = \frac{\theta_{\max} - \theta_{\min}}{6} \qquad (3-1)$$

式中 $\theta_{\max}$、$\theta_{\min}$——1h 内风向最大与最小方位角。

σ_θ 与大气热稳定度关系见表 3-3。

表 3-3 σ_θ 与大气热稳定度关系

σ_θ	大气热稳定度等级		σ_θ	大气热稳定度等级	
	白天	夜晚		白天	夜晚
0°	F	F	15°	C	D
3.75°	E	E	18.75°	B	G
7.50°	D	D	≥22.5°	A	G
11.25°	C~D	D			

表 3-3 适用于农村或远郊平原地区,表中增加了 G 级,该级在 PL 法中一般判为 F 级。处于 G 级稳定度的天气平均风速往往很小,风向摆动较大。

大致相同的宏观气象条件下,湍流的性质可以有相当大的差异,因此仅根据宏观气象条件来划分稳定度等级是过于粗糙的。而风向脉动标准差 σ_A(水平)和 σ_E(垂直)却是直接表征湍流强度的参量,与扩散参数的关系密切,可以用它来判定大气热稳定度。分类标准采用美国环保局推荐值(1980 年),并用 $(z_0/0.15)^{0.2}$ 对实际地区进行地表粗糙度修正(与下表中的值相乘可得到修正值)。大气热稳定度分级方法的标准见表 3-4。

表 3-4 大气热稳定度分级方法的标准

参数	大气热稳定度等级					
	A	B	C	D	E	F
σ_A	$\sigma_A \geq 22.5$	$22.5 > \sigma_A \geq 17.5$	$17.5 > \sigma_A \geq 12.5$	$12.5 > \sigma_A \geq 9.5$	$9.5 > \sigma_A \geq 3.8$	$3.8 > \sigma_A$
σ_E	$\sigma_E > 12.0$	$10.0 < \sigma_E \leq 12.0$	$7.8 < \sigma_E \leq 10.0$	$5.0 < \sigma_E \leq 7.8$	$2.4 < \sigma_E \leq 5.0$	$\sigma_E \leq 2.4$

σ_θ 法是表征湍流强度的直接参量,是划分稳定度的较好依据,但其应用条件是下垫面较平坦。

3.1.2.4 温度梯度(ΔT)法

ΔT 法(又称温差法)是由美国核电局于 1972 年提出的方法,用垂直温度梯度来对稳定度进行划分,用两层大气之间的宏观垂直温度梯度来表示水平和垂直的湍流特性。根据温度梯度与污染物浓度之间的对应关系,得出温度梯度与 PL 稳定度之间的对应关系。$\Delta T/\Delta z$ 与大气热稳定度的关系见表 3-5。

表 3-5 $\Delta T/\Delta z$ 与大气热稳定度的关系

大气热稳定度等级	A	B	C	D
范围 $K/100m$	$\Delta T/\Delta z \leq -1.9$	$-1.9 < \Delta T/\Delta z \leq -1.7$	$-1.7 < \Delta T/\Delta z \leq -1.5$	$-1.5 < \Delta T/\Delta z \leq -0.5$
大气热稳定度等级	E	F	G	
范围 $K/100m$	$-0.5 < \Delta T/\Delta z \leq 1.5$	$1.5 < \Delta T/\Delta z \leq 4.0$	$\Delta T/\Delta z > 4.0$	

注 ΔT 为上下两层的温度差,Δz 为上下两层的高度差。

ΔT 法采用不同高度的温差来确定大气热稳定度，只是基于温度梯度，忽视了风速的作用，不能反映热力湍流与机械湍流两者的影响。

3.1.2.5　温度梯度-风速法

温度梯度-风速法是综合考虑温度梯度和风速的方法。该方法在温度梯度的基础上，根据地面风速的不同又增加六类，大气热稳定度分级更加详细。由于此方法同时考虑了大气湍流热力和动力两方面的影响因子，所以总体比 ΔT 法要好。温度梯度-风速法大气热稳定度等级划分标准见表 3 - 6。

表 3 - 6　　　　　　　　　　温度梯度-风速法大气热稳定度等级划分标准

风速 $u/(\mathrm{m/s})$	$\Delta T/\Delta z$ $\leqslant -1.5$	$-1.5 < \Delta T/\Delta z$ $\leqslant -1.2$	$-1.2 < \Delta T/\Delta z$ $\leqslant -0.9$	$-0.9 < \Delta T/\Delta z$ $\leqslant -0.7$	$-0.7 < \Delta T/\Delta z$ $\leqslant 0.0$	$0.0 < \Delta T/\Delta z$ $\leqslant 2.0$	$\Delta T/\Delta z$ > 2.0
$u < 1$	A	A	B	C	D	F	F
$1 \leqslant u < 2$	A	B	B	C	D	F	F
$2 \leqslant u < 3$	A	B	C	D	D	E	F
$3 \leqslant u < 5$	B	B	C	D	D	D	E
$5 \leqslant u < 7$	C	C	D	D	D	D	E
$7 \leqslant u$	D	D	D	D	D	D	D

注　ΔT 为上下两层的温度差，Δz 为上下两层的高度差。

3.1.2.6　风速比法

大气湍流扩散能力与风速密切相关。风速比 U_R 的定义是上层与下层风速之比，即

$$U_R = \frac{u(z_1)}{u(z_2)} \tag{3-2}$$

式中　　　z_1、z_2——上层、下层高度，m；

$u(z_1)$、$u(z_2)$——上层、下层风速，m/s；

参照 PL 稳定度分级规则，根据两层风速比值大小分为 6 个等级，见表 3 - 7。

表 3 - 7　　　　　　　　　　U_R 与大气热稳定度关系

大气热稳定度等级	A	B	C
范围	$U_R < 1.0032$	$1.0032 \leqslant U_R < 1.0052$	$1.0052 \leqslant U_R < 1.0101$
大气热稳定度等级	D	E	F
范围	$1.0101 \leqslant U_R < 1.5717$	$1.5717 \leqslant U_R < 2.1963$	$U_R \geqslant 2.1963$

风速比法适用于风速大、稳定级别高的大气稳定状态判定。

3.1.2.7　梯度理查逊数法

当只有温度梯度资料时，可以通过理查逊数 R_i 与 L 的关系来间接求 L 值，即

$$L = \begin{cases} \dfrac{z}{R_i} & , R_i < 0 (\text{不稳定}) \\ \dfrac{z(1 - 5R_i)}{R_i} & , R_i > 0 (\text{稳定}) \end{cases} \tag{3-3}$$

其中　　　　　　　　　　　　　　　$z = \sqrt{z_1 z_2}$

近地层中 R_i 的计算公式为

$$R_i = \frac{gz}{T} \times \frac{\Delta T}{\Delta u^2} \times \ln \frac{z_1}{z_2} \qquad (3-4)$$

其中
$$\Delta T = T_2 - T_1$$
$$\Delta u = u_2 - u_1$$

式中 z_1、z_2——上层、下层的高度，m；

T——上下两层的平均温度（绝对温度），℃；

u_1、u_2——上层、下层风速，m/s；

g——重力加速度，m/s²。

大气热稳定度取决于射入地面的净热通量，即射入辐射量、射出辐射量，以及大气和下垫面潜热、显热交换的总和。当射入辐射占主导时，大气的下部被加热并上升，大气处于不稳定状态。因此，热效应加剧空气的垂直运动，防止风速在垂直方向上发生巨大变化，这样的情形由负理查逊数表征。当射出辐射占主导时，大气的下部被冷却，靠近地表的空气密度增加，因而形成了一种稳定的结构，阻碍了空气的垂直运动，导致不同高度的水平面之间的耦合被削弱，增大风速在垂直方向上的梯度，这样的情形由正理查逊数表征。而中性大气热稳定度对应热效应不显著的情形在云层浓密或强风状态下出现，此时理查逊数为零。当理查逊数为负时，湍流增强，而风切变减小，对应于白天的不稳定状态；当理查逊数为正时，湍流减弱，而风切变增大，对应于夜晚的稳定状态。不同地区梯度理查逊数 R_i 的分类标准见表3-8。

表3-8　　　　　　　　不同地区梯度理查逊数 R_i 的分类标准

大气热稳定度等级	沿　　海	山　　区	一　般　平　原
A	$R_i \leqslant -10$	$R_i < -100$	$R_i < -2.51$
B	$-10 < R_i \leqslant -2.5$	$-100 \leqslant R_i < -1$	$-2.51 \leqslant R_i < -1.07$
C	$-2.5 < R_i \leqslant -0.6$	$-1 \leqslant R_i < -0.01$	$-1.07 \leqslant R_i < -0.275$
D	$-0.6 < R_i \leqslant 0.2$	$-0.01 \leqslant R_i < 0.01$	$-0.275 \leqslant R_i < 0.089$
E	$0.2 < R_i \leqslant 1$	$0.01 \leqslant R_i < 10$	$0.089 \leqslant R_i < 0.128$
F	$1 < R_i$	$10 \leqslant R_i$	$0.128 \leqslant R_i$

上述这些大气热稳定度分级方法需要有不同的数据支撑。针对常用的几种分级方法，总结得到：PL法需要的数据为总云量、低云量及地面风速；σ_θ 法需要的数据为风向；ΔT 法至少需要两个高度层的温度数据；温度梯度-风速法至少需要两个高度层的温度数据及地面风速；风速比法需要两个高度层的风速数据；梯度理查逊数法需要至少两个高度层的温度及风速数据。

3.2 地表粗糙度基础理论

3.2.1 定义

流经地表的流体，地面的粗糙特性会对流体产生强烈影响，形成了各种特性的边界层流体。正确认识这种影响，对模拟和预测流体的行为有着重要作用。地表粗糙度的决定因素——粗糙元是产生表面粗糙的最小单元，如果不考虑单个粗糙元对流体涡动的影响，地面粗糙元对流体的影响分为两个方向：一是改变流速梯度；二是决定各流速梯度的范围。流速梯度存在的下限值就是地表粗糙度。

简单来说，地表粗糙度指风随高度按对数风廓线变化时，平均风速等于零时的高度。粗糙元的种类、大小、形状、高度、排列方式以及运动状态都直接影响地面粗糙性质。由粗糙元的种类可分为沙质粗糙、雪质粗糙、水质粗糙、植被粗糙等，从粗糙元的移动与否可分为动力粗糙和非动力粗糙，从粗糙元的种类多少可分为单粗糙元粗糙和多粗糙元粗糙。根据流体经过地面产生的性状改变可分为同性粗糙和异性粗糙。

3.2.2   地表粗糙度计算方法

在高风速下，风在流经平坦且理想化的同性质地形时，风廓线可以很好地用对数定律来模拟，即

$$u(z) = \frac{u^*}{\kappa} \ln \frac{z}{z_0} \tag{3-5}$$

式中 z——测风高度，m；

$\quad$ u^*——摩擦速度，m/s；

$\quad$ κ——冯卡门常数，取值一般为 0.4；

$\quad$ z_0——地表粗糙度，m。

由此，一旦知道两个高度 z_1、z_2（假定 $z_2 > z_1$）的测风数据 $u(z_1)$、$u(z_2)$，就可以推算出地表粗糙度 z_0 的值，将该方法命名为直接定义法，即

$$\frac{u(z_1)}{u(z_2)} = \frac{\ln \dfrac{z_1}{z_0}}{\ln \dfrac{z_2}{z_0}} = \frac{\ln z_1 - \ln z_0}{\ln z_2 - \ln z_0} \tag{3-6}$$

由此得到

$$\ln z_0 = \frac{u(z_2) \ln z_1 - u(z_1) \ln z_2}{u(z_2) - u(z_1)} \tag{3-7}$$

即

$$z_0 = \exp \left[\frac{u(z_2) \ln z_1 - u(z_1) \ln z_2}{u(z_2) - u(z_1)} \right] \tag{3-8}$$

式中 z_1、z_2——不同测风高度，m；

$u(z_1)$、$u(z_2)$——不同测风高度下的风速，m/s。

此外，世界气象组织 WMO 编撰的 *Guide to Meteorological Instruments and Methods of Observation* 认为，确定地表粗糙度 z_0 最好的方法是借助于大约一年的气候学的标准差。风速和风向标准差都与上游几千米内的地表粗糙度相关，并可用作对 z_0 的客观估计，即

$$\frac{\sigma_u}{U} = \frac{c_u \kappa}{\ln \dfrac{z}{z_0}} \tag{3-9}$$

计算得到

$$z_0 = \frac{z}{\exp \dfrac{U c_u \kappa}{\sigma_u}}$$

$$\sigma_\theta = \frac{c_v \kappa}{\ln \dfrac{z}{z_0}} \tag{3-10}$$

计算得到

$$z_0 = \frac{z}{\exp \dfrac{c_v \kappa}{\sigma_\theta}} \tag{3-11}$$

式中　σ_u——风速的标准差，m/s；

c_u——常数，取值一般为 2.2；

σ_θ——风向的标准差（弧度）；

c_v——常数，取值一般为 1.9；

κ——冯卡门常数，取值一般为 0.4；

z——测风高度，m；

U——高度 z（高度 z 最好选比较低的，高度越低受地表粗糙度影响越大，计算越准确）处的平均风速，m/s。

为了应用上述方程式，必须选择强风状况（$U > 6$m/s）来计算 $\dfrac{\sigma_u}{U}$ 和 σ_θ 的平均值，这也是为了减少大气热稳定度对地表粗糙度计算的影响。

3.2.3　地表粗糙度经验取值

表 3-9 为不同地表状态下的地表粗糙度经验值。由于地表粗糙度计算方法较为复杂，本书在计算中均采用表 3-9 中的经验值进行计算。

表 3-9　　　　　不同地表状态下的地表粗糙度经验值

地　形	地表粗糙度/m	地　形	地表粗糙度/m
海平面	≤0.0002	长草区	0.0200～0.0600
沙漠	0.0002～0.0005	低农作物区域	0.0400～0.0900
平坦雪地	0.0001～0.0007	高农作物区域	0.1200～0.1800
粗糙冰地	0.0010～0.0120	树木	0.8000～1.6000
未耕作区域	0.0010～0.0040	城镇	0.7000～1.5000
短草区	0.0080～0.0300		

3.3　风切变基础理论

3.3.1　定义

在近地层中，风速随高度的变化而发生显著的变化，造成这种变化的原因是地表粗糙度和近地层的大气热稳定度。

风切变指数表示风速在垂直方向上的变化程度，其大小反映风速随高度变化的快慢。其值大表示风速随高度变化得快，风速梯度大；其值小表示风速随高度变化得慢，风速梯度小。由于地形与大气热稳定度等因素的影响，风速随高度变化的程度不同，因此风切变指数的大小也各异。

在大部分地区，风速随高度的增加而增加，风切变指数为正值。但是有些地区会出现负切变情况，造成这种现象的原因主要是地形的影响，当气流通过山地时，由于受到地形的阻碍，气流发生改变，一部分气流会从山顶流过去，一部分气流会从阻碍物两侧绕过，气流越不稳定，流过去的气流越多，绕过去的气流越少。在山的迎风面上会出现上升气流，在山的顶部和两侧，因为流线密集，风速加强；在山的背风面，因为流线较疏，风速急剧减弱。

3.3.2 风切变指数计算方法

风切变指数是一个表征风速随高度、地表粗糙度、大气热稳定度等变化的综合参数。当大气层结为中性时，湍流将完全依靠动力原因来发展，这时风速随高度变化服从普朗特经验公式，即

$$u(z) = \frac{u^*}{\kappa} \ln \frac{z}{z_0} \tag{3-12}$$

其中

$$u^* = \left(\frac{\tau}{\rho}\right)^{1/2}$$

式中 κ——冯卡门常数，取值一般为 0.4；

    z_0——风速等于零时的高度，m；

    z——具体高度，m；

    u^*——摩擦速度；

    τ——表面剪切应力；

    ρ——空气密度。

由 Hellman 提出的幂指数形式的风廓线在实际应用中简单可行，假设混合长度随高度变化有简单指数关系，由此可得

$$u_2 = u_1 \left(\frac{z_2}{z_1}\right)^{\alpha} \tag{3-13}$$

式中 u_1——高度 z_1 的风速，m/s；

    u_2——高度 z_2 的风速，m/s；

    α——风切变指数。

由此推导出风切变指数的计算公式为

$$\alpha = \ln \frac{u_2}{u_1} \ln \frac{z_2}{z_1} \tag{3-14}$$

3.4 不同大气热稳定度分类下的风速外推

本书通过分析不同下垫面（戈壁滩、草地—荒草地、农田）上的测风数据，比较通过测风数据评估大气热稳定度的方法，研究表面层分别在稳定、中性、不稳定3种大气层结特性条件下，平原、高原、丘陵和山地4种地表类型下的风切变变化特性。

各算例及其测风塔基本情况汇总见表3-10。

表3-10　　　　　　　　各算例及测风塔基本情况汇总表

算例	测风塔区域	地表类型	下垫面	测风塔名	测风塔海拔/m	测风数据高度/m	测风时间
1	青海冷湖	戈壁滩	高原平坦	5741#	2772.00	80/70/50/30/10	2010.11.12—2011.11.12
2	甘肃干河口	戈壁滩	高原平坦	4746#	1214.00	70/50/30/10	2008.07.01—2008.11.30
3	陕西靖边	荒草地	高原丘陵	0449#	1678.00	70/50/30	2015.08.27—2016.08.26
4	广西防城港	山顶草地	山地	0280#	713.00	80/70/50/30/10	2012.08.01—2013.07.31
5	河南内黄	农田	平原	8446#	66.00	100/80/60/40/10	2014.09.15—2015.09.16
6	青海茶卡	草地	高原平坦	5755#	3079.00	80/70/50/30/10	2014.01.01—2014.12.31

算例1选取青海冷湖某风电场，场址范围内为戈壁滩，地形平坦，植被稀疏。算例2选取甘肃干河口某风电场，场址范围内为戈壁滩，地形平坦，植被稀疏。算例3选取陕西靖边某风电场，场址范围内黄土梁、沟畔、峁与沟壑相间分布，测风塔位于黄土梁峁顶部，顶部地形较为平缓，地表为荒草地，植被稀疏。算例4选取广西防城港某风电场，场区内均为山脉，山体多呈东西走向，测风塔位于山体顶部，地表为草地，植被茂密。算例5选取河南内黄某风电场，场址范围内为农田，地形平坦，但是周边城镇、村庄密布。算例6选取青海茶卡某风电场，除东北角的山外，场址范围内为草地，地形平坦，植被稀疏。

本书以算例2为例，进行不同大气热稳定度下风速外推的详细分析。

3.4.1 不同大气热稳定度下的分类占比

由于要外推对比70m高度风速，所以暂将70m高度风速风向数据当作未知量。各大气热稳定度分类结果占比见表3-11。

表3-11　　　　　　算例2各大气热稳定度分类结果占比

大气热稳定度	30～50m风速比	10～50m风速比	10～30m风速比	10m风向标准差
A	28.0721%	15.3008%	11.8286%	17.3657%
B	0.5473%	0.1840%	0.2437%	6.2224%

续表

大气热稳定度	30～50m 风速比	10～50m 风速比	10～30m 风速比	10m 风向标准差
C	1.5223%	0.5381%	0.9428%	10.1499%
D	67.4209%	71.4864%	81.5029%	11.3916%
E	0.7864%	8.8760%	3.1089%	43.8420%
F	0.7956%	2.7594%	1.5177%	11.0283%

发现 10m 风向标准差方法得到的分类中 E 类（较稳定）大气热稳定度占大多数。而风速比方法得到的分类中 A 类和 D 类占大多数。

3.4.2   不同大气热稳定度下的风切变指数计算结果

经计算分析得出，算例 2 不同大气热稳定度下的风切变指数计算结果见表 3 - 12。

表 3 - 12   算例 2 不同大气热稳定度下的风切变指数计算结果

类 型		大 气 热 稳 定 度					
		A	B	C	D	E	F
不去小风速	常规	0.2091					
	10m 风向标准差	0.4954	0.2537	0.1988	0.1286	0.1480	0.0366
	30～50m 风速比	−0.4160	0.0082	0.0158	0.2173	1.1496	2.3199
	10～50m 风速比	−0.1920	0.1110	0.1179	0.1932	0.5435	1.3613
	10～30m 风速比	0.2679	0.1700	0.1783	0.1801	0.5967	0.8503
去小风速	常规	0.0966					
	10m 风向标准差	0.1764	0.1301	0.1060	0.0915	0.1516	0.0411
	30～50m 风速比	−0.1766	0.0081	0.0158	0.1692	1.2409	2.1720
	10～50m 风速比	−0.1438	0.0365	−0.0688	0.1338	0.3472	0.4812
	10～30m 风速比	0.0605	0.1078	0.1080	0.1395	0.2898	—

可以发现，30～50m 风速比方法得到的风切变指数极不正常。所以在进行风速外推计算时不采用此方法进行对比分析。

3.4.3   不同大气热稳定度下的风速外推结果

经计算分析得出，算例 2 不同大气热稳定度下的风速外推相对误差见表 3 - 13。

表 3 - 13   算例 2 不同大气热稳定度下的风速外推相对误差

类 型		大 气 热 稳 定 度						
		A	B	C	D	E	F	ALL
不去小风速	常规	12.4235%						
	10m 风向标准差	24.2976%	10.9544%	8.2184%	6.1118%	6.9900%	29.5484%	12.4703%
	10～50m 风速比	29.9369%	6.4355%	18.3217%	6.6527%	20.2248%	66.1119%	12.2784%
	10～30m 风速比	36.1557%	10.7260%	6.9803%	5.7028%	26.8828%	32.0698%	12.5841%

续表

类 型		大 气 热 稳 定 度						
		A	B	C	D	E	F	ALL
去小风速	常规	3.5155%						
	10m 风向标准差	5.3690%	3.7154%	2.8340%	2.3249%	3.4859%	4.2842%	3.5121%
	10~50m 风速比	2.9267%	1.4770%	6.2327%	3.2116%	7.2133%	10.8661%	3.3233%
	10~30m 风速比	4.0811%	5.5861%	4.2654%	3.4223%	8.0010%	—	3.5118%

可以发现，在去除小于 3m/s 的风速数据后，风速外推误差较未去除小风速的情况减少了约 9%。其中，既去除小风速，又进行基于 10~50m 风速比的风速外推方法，能够将误差降低到 3.3233%。

3.4.4　大气热稳定度分级方法的选择

在对各算例进行基于大气热稳定度的风速外推计算分析后，选择合适的大气热稳定度分级方法，见表 3-14。

表 3-14　　　　各算例推荐大气热稳定度分级方法及相对误差

算例	测风塔区域	下垫面	大气热稳定度分级方法	计算高度/m	相对误差
1	青海冷湖	高原平坦	10m 风向标准差	80	−0.3158%
2	甘肃干河口	高原平坦	10~50m 风速比	70	3.3233%
3	陕西靖边	高原丘陵	梯度理查逊数法	70	0.6633%
4	广西防城港	山地	10m 风向标准差	80	1.2636%
5	河南内黄	平原	60~80m 风速比	100	−0.1014%
6	青海茶卡	高原平坦	10m 风向标准差	80	0.7174%

可以看出，计算得到的相对误差除甘肃干河口地区外，误差均在 1% 左右或以内。其中河南内黄某地区进行大气热稳定度分级后外推得到的 100m 风速相对误差仅为 −0.1014%，这与该地区下垫面有关，该地区处于平原，虽然周围有大量村庄及农作物，但是其对高层风速及大气热稳定度影响不大，所以外推得到的风速更加准确。另外由于风向标准差法更适用于地表粗糙度小的区域，所以对于复杂山地，推荐使用梯度理查逊数法，算例 4 由于没有双层温度数据，所以选择风向标准差法。

对于地表粗糙度不大、风速大的区域，采用风向标准差和风速比方法进行大气热稳定度的分级后，都能得到很好的风速外推结果。而对于地表较复杂的区域，推荐在有两个高度层温度数据的情况下采用梯度理查逊数法，在没有两个高度层温度数据时可采用风向标准差方法。

3.5　风切变指数变化规律

通过分析表 3-12 中各算例测风塔的测风数据，得出风切变月变化规律、日变化规律及不同地表类型对风切变的影响。

3.5.1   不同地表类型对风切变的影响

各算例风切变指数统计见表 3-15，各算例风切变指数对比如图 3-1 所示。

表 3-15   各算例风切变指数统计表

算例	测风塔区域	下垫面	地表类型	计算高度/m	年平均风切变指数	月平均风切变指数	振幅
1	青海冷湖	高原平坦	戈壁滩	50~70	0.0256	-0.01~0.05	0.06
2	甘肃干河口	高原平坦	戈壁滩	30~50	0.1336	0.11~0.13	0.02
3	陕西靖边	高原丘陵	荒草地	30~50	0.1194	0.09~0.16	0.07
4	广西防城港	山地	山顶草地	50~70	0.0379	-0.03~0.08	0.11
5	河南内黄	平原	农田	60~80	0.2449	0.17~0.31	0.14
6	青海茶卡	高原平坦	草地	50~70	0.1359	0.06~0.22	0.16

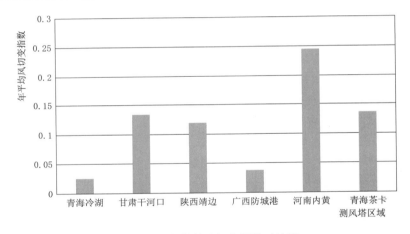

图 3-1   各算例风切变指数对比图

可以看出，高原地区测风塔风切变指数大多处于 0~0.16 区间。其中算例 6 青海茶卡某地的风切变指数处于 0.06~0.22 之间；算例 1 青海冷湖某地的月平均风切变指数较小，处于 -0.01~0.05 之间；算例 2 甘肃干河口某地的风切变指数适中，处于 0.11~0.13 之间；算例 3 陕西靖边某地的风切变指数适中，处于 0.09~0.16 之间。经分析，算例 1 和算例 2 地形类似，同为高原地区平坦的戈壁滩，但是同时期的风切变指数却相差大约 0.1，这是由于算例 1 的海拔要比算例 2 的海拔高出 1558.00m，海拔的差异直接影响了太阳辐射强度，海拔越高的地方，空气越稀薄，太阳辐射相对强，高强度的太阳辐射趋向于引起更大的大气层不稳定性，并增强大气层间的混合，使得在不同大气垂直层间的风速相对一致，导致风切变指数较低。在太阳辐射强度较低或者没有太阳辐射的时候，大气层趋向于稳定，因此层间很少或者不混合，此时风速趋向于随着离地高度的增加而急剧增加，导致风切变指数变大。而同处青海高原地区的算例 1 和算例 6，他们的风切变指数随月份的变化规律呈现明显的不同，可见局部地形条件差异对风切变指数影响很大。

山地地区，算例 4 广西防城港某地测风塔全年风切变指数变化范围为 $-0.03 \sim 0.08$；平原地区，算例 5 河南内黄某地测风塔全年风切变指数变化范围为 $0.17 \sim 0.31$，风切变指数变化较大，整体数值也高于其他地形的地区。

由此可见，风切变指数年内各月变化在平原较大，高原及山地居中。初步分析，平原地形相对平坦，地形对气流没有抬升或阻碍作用，基本能反映大气中性层结条件下的气流变化，气流随高度增大作用明显，风切变指数较大。地处青藏高原的青海省是多风暴地区，夏季雷雨多，冬季严寒，青海冷湖某地测风塔所处位置下垫面四季变化不大，风切变指数中等偏小；青海茶卡某地测风塔所处位置下垫面四季变化较大，秋冬季节草地干枯，地表粗糙度减小，风切变指数变化相对较大，数值整体适中。黄土高原的陕西靖边下雨集中，多暴雨，植被稀疏，沟壑居多，地形复杂，风切变指数适中。

不同地表类型对风切变的影响总结分析如下：

（1）当地表类型同为戈壁滩时，海拔较高的区域风切变指数较小，这是由于高海拔区域太阳辐射较强，导致大气层结相对不稳定，风切变指数小。

（2）当地形同为高原平坦地形时，地表类型为草原的区域比地表类型为戈壁滩的区域风切变指数大，这是由于地表粗糙度大的地方，风切变更大。

（3）山地的风切变指数要比高原的小，平原的风切变指数最大。

3.5.2 月变化

风切变指数由于各地地形及气候的不同，没有表现出明显的风切变指数月变化趋势。各算例风切变指数月变化和季节变化情况统计见表 3-16，各算例风切变指数季节变化对比图如图 3-2 所示。

表 3-16　　　　　各算例风切变指数月变化和季节变化情况统计

算例	测风塔区域	下垫面	地表类型	计算高度/m	风切变指数 春	夏	秋	冬	年平均	月平均风切变指数	振幅
1	青海冷湖	高原平坦	戈壁滩	50~70	0.0188	0.0405	0.0099	0.0297	0.0256	-0.01~0.05	0.06
2	甘肃干河口	高原平坦	戈壁滩	30~50	—	0.1342	0.1239	0.1221	0.1336	0.11~0.13	0.02
3	陕西靖边	高原丘陵	荒草地	30~50	0.1127	0.1067	0.1262	0.1363	0.1194	0.09~0.16	0.07
4	广西防城港	山地	山顶草地	50~70	0.0600	0.0724	0.0101	-0.0019	0.0379	-0.03~0.08	0.11
5	河南内黄	平原	农田	60~80	0.2536	0.2191	0.2261	0.2582	0.2449	0.17~0.31	0.14
6	青海茶卡	高原平坦	草地	50~70	0.0940	0.1042	0.1898	0.1740	0.1359	0.06~0.22	0.16

经分析，内陆山地、平原和高原的风切变指数年内各月变化总结分析如下：

（1）高原地区除个别数据外，均表现出在秋冬季风切变指数较大、春夏季风切变指数较小的特点。青海高原地区两个测风塔均在 1 月、12 月表现出较大的风切变指数，这是因为 1 月、12 月为寒潮高峰期，大风频率加大，风切变指数较大。

（2）山地地区也表现出明显的季节变化。广西防城港地区在 9 月、10 月、11 月、12

月有很小的风切变指数。广西山地地区春夏两季风切变指数较大，经分析，该地区春夏两季降雨多，空气较为湿润，低空急流频率较高，地形对过山气流有动力抬升作用，容易产生较强的风切变。

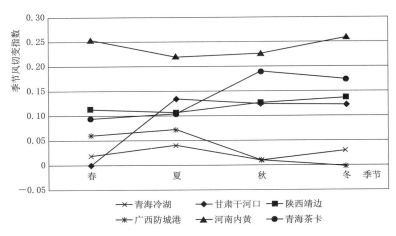

图3-2 各算例风切变指数季节变化对比图

（3）平原地区也出现风切变指数季节变化特点。在春冬两季风切变指数较大，最大值出现在11月；夏秋两季风切变指数较小，最小值出现在7月。其中5月及6月的风切变指数在平均值周围上下波动，主要原因是该地区在这个时间段农作物开始长高，地表粗糙度变大，导致动力及热力作用变大，虽然温度升高，但是风切变指数下降不明显。

3.5.3 日变化

风切变指数的日变化与环境温度密切相关。一般而言，风切变指数通常在白天出现较低的数值，这主要是因为白天大气层结的不稳定性。风切变指数日变化的原因主要是昼夜温度的循环交替变化，从而引起的大气热稳定度的变化。风切变指数通常表现出夜间大白天小的特点。各算例风切变指数日变化统计见表3-17，各算例日平均风切变指数对比图如图3-3所示。

表3-17   各算例风切变指数日变化统计

算例	测风塔区域	下垫面	地表类型	地表粗糙度/m	海拔/m	日平均风切变指数	振幅
1	青海冷湖	高原平坦	戈壁滩	0.03	2772.00	−0.02～0.1	0.12
2	甘肃干河口	高原平坦	戈壁滩	0.03	1214.00	0.05～0.19	0.14
3	陕西靖边	高原丘陵	荒草地	0.03	1678.00	0.05～0.2	0.15
4	广西防城港	山地	山顶草地	0.05	713.00	0～0.08	0.08
5	河南内黄	平原	农田	0.04	66.00	0.06～0.46	0.4
6	青海茶卡	高原平坦	草地	0.03	3079.00	0.05～0.22	0.17

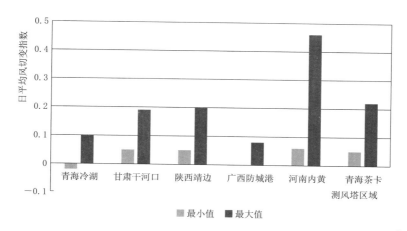

图 3-3   各算例日平均风切变指数对比图

风切变指数日变化均呈现出明显的规律性。夜晚风切变指数较大，日出后风切变指数变小，到正午前后由于边界层大气垂直混合效应加剧，使得风切变指数变小。日出后地面获得的太阳辐射能以感热和潜热形式向上输送，上下层空气混合，上下空气层风速差异变小，风切变指数变小；在正午时混合最充分，风切变指数最小；傍晚到深夜，地面净辐射变小，甚至出现负值，近地面从下往上降温，成为逆温层结的稳定边界层，湍涡在运动中反抗重力做功，消耗动能，抑制湍流交换，混合层逐渐变小直至消失，上下空气层风速差异变大，风切变指数变大。

综上，风切变指数日变化与日出日落时间、地表植被覆盖情况、周围环境比热容等因素密切相关。日出越早，风切变指数在白天下降得越早，日落越早，风切变指数在傍晚回升越早；周围环境比热容越大，风切变指数变化越慢，幅度越小，反之亦然。

基于上述风切变指数变化规律的分析，发现风切变指数的月变化与日变化都与日出日落时间、地表植被覆盖情况、周围环境比热容等因素密切相关。主要经验总结如下：

（1）风切变指数与日出日落有着密切关系。在白天风切变指数较小，夜间风切变指数较大。且日出越早，风切变指数在白天下降得越早，日落越早，风切变指数在傍晚回升越早。

（2）地表粗糙度越大，风切变指数越大，反之亦然。围绕同一地点的地表粗糙度季节性变化也会使风切变指数改变。

（3）地表植被相同时，地形为山谷、高原台地的风切变指数较小；地势较为平坦的风切变指数较大。

（4）一般情况下，夏季风切变指数较小，冬季风切变指数较大。主要原因是夏季温度高，近地层空气混合得好，导致风切变指数小；而冬季温度较低，各层空气混合不明显，导致风切变指数较大。

结合上述研究结果，得到不同下垫面及地表类型下的风切变指数及计算方法，见表 3-18。

表 3-18   不同下垫面及地表类型下的风切变指数及计算方法

算例		1	2	3	4	5	6
测风塔区域		青海冷湖	甘肃干河口	陕西靖边	广西防城港	河南内黄	青海茶卡
下垫面		高原平坦	高原平坦	高原丘陵	山地	平原	高原平坦
地表类型		戈壁滩	戈壁滩	荒草地	山顶草地	农田	草地
风切变指数	春	0.0188	—	0.1127	0.0600	0.2536	0.0940
	夏	0.0405	0.1342	0.1067	0.0724	0.2191	0.1042
	秋	0.0099	0.1239	0.1262	0.0101	0.2261	0.1898
	冬	0.0297	0.1221	0.1363	−0.0019	0.2582	0.1740
	白天	0.0041	0.0859	0.0891	0.0196	0.1792	0.0962
	夜间	0.0483	0.1667	0.1510	0.0580	0.4337	0.1912
	年平均	0.0256	0.1336	0.1194	0.0379	0.2449	0.1359
计算高度/m		50~70	30~50	30~50	50~70	60~80	50~70
应用高度/m		80	70	70	80	100	80
外推风速相对误差		−0.32%	3.32%	0.66%	1.26%	−0.10%	0.72%
推荐热稳定度分类方法		a	b	c	a	b	a
热稳定度分类占比	A	24.29%	15.30%	23.68%	12.70%	22.61%	22.65%
	B	9.86%	0.18%	13.83%	5.43%	0.00%	9.45%
	C	9.81%	0.54%	15.68%	12.10%	0.05%	12.50%
	D	14.02%	71.49%	36.63%	10.25%	74.63%	30.79%
	E	32.61%	8.88%	6.03%	34.03%	1.70%	17.94%
	F	9.41%	2.76%	4.14%	25.49%	1.02%	6.68%

注 1. a—风向标准差法；b—风速比法；c—梯度理查逊数法。

　　2. 白天时间段为 6—18 时；夜间时间段为 19 时至次日 5 时。

第 4 章
风电基地尾流变化规律

　　近年来，随着风电机组容量和风电场规模的不断增大，尾流效应对风电场功率的影响也逐步显现。因此，减少风电场尾流效应的影响，提高风电场整体输出功率和经济效益，成为当前风电技术研究的热点之一。风电机组吸收了风中的部分能量，所以自由来流经过风电机组后，其速度会有所下降。尾流效应是指风电机组从风中获取能量的同时在其下游形成风速下降的尾流区。若下游有风电机组位于尾流区内，下游风电机组的输入风速就低于上游风电机组的输入风速。尾流效应造成风电场内风速分布不均，影响风电场内每台风电机组运行状况，进一步影响风电场运行工况及输出，且受风电场拓扑、风轮直径、推力系数、风速和风向等因素影响。本章首先介绍风电机组尾流的成因和分区，并阐述适用于风电场能效评估的风电机组工程解析尾流模型，以及解析度更高的风电机组数值尾流模型，进而从大气边界层流动的角度研究能够反映大型风电场/基地尾流效应解析模型，最后以实际风电基地为例，通过实地测量与模型计算的方式对场区的尾流变化进行对比分析与验证。

4.1　尾流的形成

　　大气边界层气流在穿过风电机组的风轮后，空气流速突然减小，湍流强度增大，风切变加剧，风轮下游受风轮影响的整个空气动力场区域被称作风电机组尾流区。风电机组尾流区可以划分为近尾流区、中间过渡尾流区和远尾流区。各个区域的长度与风电机组风轮直径的大小、风速、大气热稳定度及气压相关。

　　近尾流区指的是靠近风轮在风轮后方 1～2 倍风轮直径长的区域，近尾流区的研究着眼于功率提取的物理过程和风电机组性能。随着气流管道扩展到叶片边缘，风轮的迎风面气压增加，然后在风轮面另一侧突然降低，之后在该区域内不断增加，直到恢复到自由来流的压力。气流管道内部的风速在接近风电机组时降低，并在风轮面的另一侧保持不变，然后在近尾流区内，随着气压值逐渐恢复到自由来流压力而继续降低。近尾流区域内尾流的半径随着风轮下游距离的增加而增加，并当气压恢复到自由来流时达到最大。由于质量守恒和动量守恒定律，该区域内的风速下降明显。总之，其流场分布取决于叶片的几何外形和数目、塔架、机舱以及来流大气属性，表现为高度复杂的三维各向异性流动。

　　近尾流区后风电机组的尾流与周围自由气流不断混合扩散，形成了混合层，并由此界定了中间过渡尾流区的边界。中间过渡尾流区的长度在风轮下游 3～4 倍风轮直径距离范围，当混合层的内边界与中央轴线相交时结束，交点处风速发生变化。中间过渡尾流区的气压保持不变，始终为自由来流压力。中间过渡尾流区外边界的湍流混合增加，而中央轴线处的风速保持不变。

　　远尾流区是指风轮下游超过 5 倍风轮直径的区域，此区域气压基本不发生变化，维持在自由来流的压力。由于湍流混合，中央轴线的风速开始稳步增加，恢复到自由来流的风速值。远尾流区着重研究风电场中风电机组群的作用，主要受风电机组气动特性（如功率、推力特性）、大气湍流（地表粗糙度和大气热稳定度）和尾流等影响，表现为具有自相似特点的各向同性流动。

　　根据风电机组尾流区中每个区域的特征，可以选择风电机组之间的最佳距离，从而使风电机组之间的相互影响最小化。由于尾流效应对风向的敏感性，主导风向对风电机组的排布方案起到决定性作用。在主导风向上，风电机组之间的距离应该至少达到中间过渡尾流区的末端。近尾流区内由于存在气压差，湍流非常强烈，且风速损失大，因此必须避开。

　　风电机组之间的影响主要表现为上游风电机组的尾流叠加效应对位于其下游的风电机组的影响。风电场多台风电机组产生的尾流效应对风电场内的空气流场产生一定程度的影响，位于下游风电机组尾流区内的风电机组的输入风速就低于上游风电机组的输入风速。尾流叠加效应造成风电场内风速分布不均，影响风电场内每台风电机组的运行状况，进一步影响风电场运行工况及输出，且受到风电场拓扑、风轮直径、推力系数、风速和风向等因素影响。

　　尾流效应给风电场带来的发电损失占整个风电场发电损失的比重是非常显著的，美国加利福尼亚州的风电场测量数据显示，在一般情况下，尾流效应带来的损失占整个风电场损失的 10% 左右，依据地形、地貌、风电机组排布方式和来流风特性的不同，其损失范围为 2%～30%。在实际风电场选址和建设中，为了充分利用资源和发挥规模效益，大型风电场的装机数目从几十台到数百台不等，而受现场地形和各类条件的限制，风电场中风电机组之间不能离得太远，以免造成资源浪费。为了提高整个风电场的发电效率，需要采取合理的风电机组排布方式来降低尾流效应带来的损失。

研究尾流效应的主要方法是通过推导合理的尾流模型，研究各台风电机组的尾流特性，进而了解到整个风电场风电机组风速的变化和分布，从而合理地布置风电机组摆放位置，有效提高风资源利用效率。目前，现有的风电机组尾流模型从研究方法上可分为两大类：一种是基于流动控制方程推导出的工程尾流模型；另一种则是基于 CFD 技术的数值尾流模型。工程尾流模型，是通过简化流场的动量和质量守恒方程，从而得到形式简单、变量较少的解析解。在所有尾流预测模型中，工程尾流模型需求的计算时间最少，而且对平坦地形风电场的总体发电量预测取得了较好的实践经验，数值与实际结果较为吻合。而随着计算机技术在数值计算领域中的深度应用和推广，各类数值尾流模型得到了很大的发展，其计算结果取得了很好的精度。

4.2　风电机组工程尾流模型

4.2.1　Park 尾流模型

Park 尾流模型也被称为 Jensen 尾流模型，由 Jensen 于 1983 年提出，是风资源评估中常用的尾流模型。Park 尾流模型是一个一维尾流模型，其被认为是现代数值尾流模型的祖先，因为大多数运动学数值尾流模型都是它的一种进化或一种更复杂的方法。Park 尾流模型示意图如图 4-1 所示。

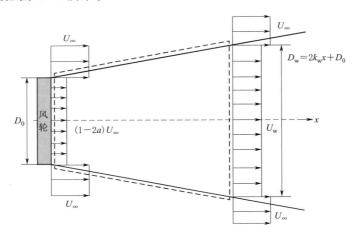

图 4-1　Park 尾流模型示意图

Park 尾流模型基于质量守恒推导，假设风电机组尾流区速度损失满足顶帽型分布（即尾流区截面速度为均匀分布），忽略了压力恢复至大气压的近尾流区域并假定盘面

后方尾流半径为压力恢复至大气压处的尾流半径，尾流呈线性扩张。其尾流速度表达式为

$$U = U_\infty \left[1 - \left(1 - \sqrt{1-C_T} \right) \left(\frac{R}{R+kx} \right)^2 \right] \qquad (4-1)$$

式中　U_∞——来流风速；

　　　C_T——风电机组的推力系数；

　　　R——风电机组盘面半径；

　　　k——尾流衰减系数，陆上风电机组 k 取 0.075，海上风电机组 k 取 0.04~0.05；

　　　x——风电机组盘面下游流向的距离。

4.2.2　改进 Park 尾流模型

　　Park 尾流模型是一种一维线性尾流模型，它表示风电机组处于最理想状态的情况，但在实际工程中，风电机组的功率系数却达不到如此高的数值。于是延伸出更符合实际工程的改进 Park 尾流模型，其模型示意图如图 4-2、图 4-3 所示。

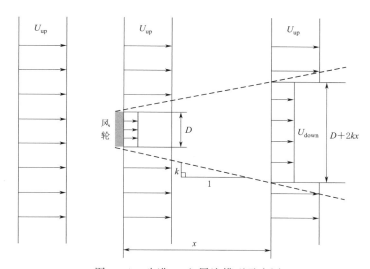

图 4-2　改进 Park 尾流模型示意图

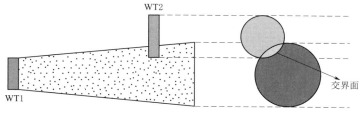

图 4-3　上下游风电机组尾流交界面示意图

　　改进 Park 尾流模型在 Park 尾流模型的技术上，考虑了风电机组后部的轴对称风流，其表达式为

$$U_{\text{down}} = U_{\text{up}} \left[1 - \left(1 - \sqrt{1 - C_{\text{T}}} \right) \left(\frac{D}{D + 2kx} \right)^2 \frac{A_{\text{intersection}}}{A_{\text{down}}} \right] \qquad (4-2)$$

$$k = \eta I_{\text{rot}} \qquad (4-3)$$

式中　U_{down}——下风向风速；

$\qquad U_{\text{up}}$——上风向风速；

$\qquad C_{\text{T}}$——风电机组的推力系数；

$\qquad D$——风电机组风轮直径；

$\qquad k$——尾流衰减系数；

$\qquad x$——风电机组盘面下游流向的距离；

$\qquad \eta$——尾流衰减系数和湍流强度的比值，通常取值为 0.5；

$\qquad I_{\text{rot}}$——产生尾流的风电机组的轮毂高度处的湍流强度；

$\qquad A_{\text{down}}$——处于尾流区域中的风电机组的风轮面积；

$\quad A_{\text{intersection}}$——部分处于尾流区域的发电机风轮和尾流区域的重叠面积。

4.2.3　Frandsen 尾流模型

　　Frandsen 尾流模型由 Frandsen 等于 2006 年提出。该模型基于动量守恒推导，同样假设风电机组尾流区速度损失满足顶帽型分布。Frandsen 尾流模型示意图如图 4-4 所示。

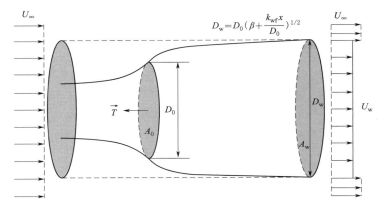

图 4-4　Frandsen 尾流模型示意图

　　Frandsen 尾流模型为风资源评估中常用的尾流模型，其基于质量守恒和动量守恒原理提出，即

$$\Delta U = \frac{1}{2} U_{\infty} \left(1 - \sqrt{1 - 2 \frac{A_0}{A_{\text{w}}} C_{\text{T}}} \right) \qquad (4-4)$$

式中　A_0——风电机组盘面面积；

$\qquad A_{\text{w}}$——下游位置 x 处的尾流横截面积。

　　$\dfrac{A_0}{A_{\text{w}}}$ 可以通过尾流截面直径之比表达，Frandsen 尾流模型的尾流直径并非线性扩张，其表达式为

$$D_w = \left(\beta^{\frac{k}{2}} + \alpha s\right)^{\frac{1}{k}} D_0 \tag{4-5}$$

$$\beta = \frac{1 + \sqrt{1 - C_T}}{2\sqrt{1 - C_T}} \tag{4-6}$$

$$s = \frac{x}{D_0} \tag{4-7}$$

式中　　D_0——风电机组盘面直径；

　　α——Frandsen 尾流模型的尾流膨胀系数，经验上取 Park 尾流模型尾流膨胀系数的 10 倍；

　k——经验参数，一般取值为 3。

4.2.4 Bastankhah 尾流模型

Bastankhah 尾流模型由 Bastankhah 和 Porte-Agel 于 2014 年提出，两人使用了不同的数值和实验数据，表明自相似高斯分布可以较好地代表城市远尾迹的速度缺陷剖面。该模型属于二维尾流模型，其基于动量守恒及质量守恒推导，并假设尾流区速度分布满足高斯分布。Bastankhah 尾流模型示意图如图 4-5 所示。

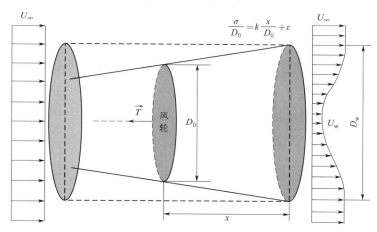

图 4-5　Bastankhah 尾流模型示意图

其尾流速度损失表达式为

$$\frac{\Delta U}{U_\infty} = C(x) f\left[\frac{r}{\delta(x)}\right] = C(x)\, e^{-\frac{r^2}{2\sigma^2}} \tag{4-8}$$

$$C(x) = 1 - \sqrt{1 - \frac{C_T}{8\left(\frac{\sigma}{D_0}\right)^2}} \tag{4-9}$$

$$\frac{\sigma}{D_0} = k\frac{x}{D_0} + \varepsilon \tag{4-10}$$

$$\varepsilon = 0.2\sqrt{\beta} \tag{4-11}$$

$$\beta = \frac{1 + \sqrt{1 - C_T}}{2\sqrt{1 - C_T}} \qquad (4-12)$$

$$C_T = 4a(1 - a) \qquad (4-13)$$

式中　ΔU ——距离风轮盘 x 处的尾流半径的减少的风速；

$\qquad U_\infty$ ——来流风速；

$\qquad C_T$ ——推力系数；

$\qquad a$ ——轴向诱导因子；

$\qquad k$ ——经验系数，取 0.022；

$\qquad \sigma$ ——高斯分布的标准差，并假设其随沿流向距离线性增加。

需要强调的是，σ 是高斯分布的一个统计概念。研究表明，它是远尾流风电机组下游距离的线性函数，σ 并不是风电场布局优化中常用的尾流半径。从理论上讲，类高斯模型不存在尾迹半径。但是，必须为每个尾流模型定义尾流半径，因为在风电场布局优化中应该确定受影响的区域。在这种情况下，尾流半径是一个非常重要的参数，因为它决定了有多少和哪个风电机组位于尾流区域。这最终会影响年发电量的估计和最终的布局。

事实上，在现有的论文中，对类高斯模型有不同的定义，例如，Xie 等（2015）的 2σ，Bastankhah 等的 σ，Porte-Agel（2014）、Ishihara 等（2018）的 $\sqrt{2\ln\sigma}$。总之，如何在类高斯模型中定义尾流半径仍然是一个有待持续研究的课题。

4.2.5　EVM 尾流模型

EVM 尾流模型（eddy viscosity wind turbine wake model）是非典型膨胀模型，其示意图如图 4-6 所示。

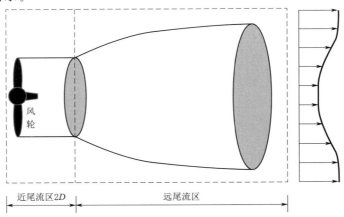

图 4-6　EVM 尾流模型示意图

EVM 尾流模型最早由 Ainslie 于 1988 年提出，模型通过假定风电机组沿中心轴线方向呈旋转对称，可以得到简化后的 N-S 方程以描述风速变化，方程形式为

$$U\frac{\partial U}{\partial x} + V_r\frac{\partial U}{\partial r} = \frac{1}{r}\frac{\partial}{\partial r}\left(\varepsilon r \frac{\partial U}{\partial r}\right) \qquad (4-14)$$

$$\frac{\partial U}{\partial x} + \frac{1}{r}\frac{\partial}{\partial r}(V_r r) = 0 \tag{4-15}$$

式中　x——到下游风电机组风轮的轴向距离；

　　　r——到下游风电机组风轮的径向距离；

　　　ε——涡流黏度，描述剪切应力；

　　　V_r——径向速度。

ε 主要由两个部分组成：尾流剪切产生的"局部"影响 K_1，以及大气边界层中剪切产生的"环境"影响 K_a，具体计算方式为

$$\varepsilon = F(K_1 + K_a) \tag{4-16}$$

式中　F——过滤函数，用于表征风轮附近湍流的积聚程度。

上述方程中含有两个未知变量，求解时难度较大，为简化计算，Gunn 于 2019 年提出了改进版的 EVM 尾流模型计算方法，该方法假定尾流沿径向方向的衰减符合高斯分布，因此二元方程组可进一步简化为一维方程，方程形式为

$$\frac{\mathrm{d}\tilde{U}_c}{\mathrm{d}\tilde{x}} = \frac{16\tilde{\varepsilon}(\tilde{U}_c^3 - \tilde{U}_c^2 - \tilde{U}_c + 1)}{\tilde{U}_c C_T} \tag{4-17}$$

$$\tilde{U}(\tilde{r}) = 1 - (1 - \tilde{U}_c)\exp\left(-\frac{\tilde{r}^2}{\tilde{\omega}^2}\right) \tag{4-18}$$

$$\tilde{U} = \frac{U}{U_0}, \tilde{x} = \frac{x}{D_0}, \tilde{\varepsilon} = \frac{\varepsilon}{U_0 D_0} \tag{4-19}$$

式中　$\sim$——无量纲参数；

　　　U_c——中心轴线上的风速；

　　　U_0——轮毂高度风速；

　　　D_0——风电机组直径。

$\tilde{\varepsilon}$ 则由以下公式计算

$$\tilde{\varepsilon} = F(\tilde{K}_1 + \tilde{K}_a) \tag{4-20}$$

$$\tilde{K}_1 = k_1 \tilde{\omega}(1 - \tilde{U}_c) \tag{4-21}$$

$$\tilde{K}_a = \kappa^2 I_0 \tag{4-22}$$

$$\tilde{\omega}^2 = \frac{C_T}{4(1 - \tilde{U}_c)(1 + \tilde{U}_c)} \tag{4-23}$$

式中　C_T——推力系数；

　　　ω——半尾流半径；

　　　I_0——湍流强度；

　　　k_1——取值 $0.015\sqrt{3.56}$；

　　　κ——取值 0.41。

初始时，假定两个风电机组轮毂直径内尾流折损保持最大值，记该折损为 D_M，其计算公式为

$$D_M = C_T - 0.05 - (16C_T - 0.5)\frac{I_0}{10} \qquad (4-24)$$

初始衰减后中心轴线的无量纲风速为

$$\widetilde{U}_{c0} = 1 - D_M$$

4.2.6　风电机组尾流叠加

　　单风电机组尾流模型仅可以描述单台风电机组后方的风速亏损，而在实际的风电场项目中，往往存在规模化的风电机组群，且风电机组群间存在着尾流干扰。以 3 台风电机组为例，每台风电机组计算尾流前方输入风速分别为 u_1、u_2、u_3，其后方输出风速为 u_{w1}、u_{w2}、u_{w3}，风电场中任意点 P 计算尾流前的风速为 u_P，计算尾流后的风速为 u_{wP}，多风电机组尾流干扰情况如图 4-7 所示。

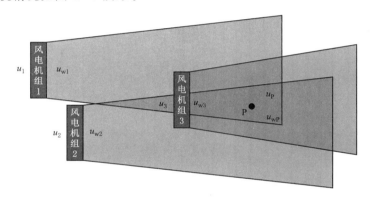

图 4-7　多风电机组尾流干扰

　　为计算多个尾流的组合效应，将风电机组群整体产生的尾流等效为每台风电机组产生尾流的叠加，即为尾流叠加原理。在经典的尾流叠加模型中，对于每台风电机组输入风速的计算，前人的方法大致可以分为以自由来流风速作为输入风速和以轮毂高度处的风速作为输入风速两类。大多数情况下，这两个速度相似，然而，由于以自由来流风速作为输入风速的本质是基于以轮毂高度处的风速作为输入风速的一种简化，其预测精度要低。

　　关于风电机组间尾流的叠加，则有弱耦合和强耦合两种方法：弱耦合即不考虑耦合影响，风电机组风速仅由综合计算的不考虑尾流的风电场风速决定，任意点尾流亏损为所有风电机组的最大值；强耦合则考虑耦合影响，风电场中风电机组存在着上下游关系，上游风电机组会对下游风电机组产生影响，这种影响是叠加的。

4.2.6.1　经典尾流叠加方法

　　在经典尾流叠加方法中，通常假定在风电场内，相邻风电机组之间的间距大、尾流干扰弱，因此在计算孤立风电机组尾流时，每个风电机组轮毂处的平均风速都可以近似为自由来流速度。叠加时主要关注风电机组间的尾流叠加，仅考虑风电机组群位于风电场前以及风电机组群位于风电场后两种状态。风电场中的尾流效应的叠加，可以视作单台风电机组位于风电场时产生尾流效应的叠加，具体叠加方式主要有 5 种，包括几何叠加、线性叠加、能量平衡、平方叠加、取最小值，5 种叠加方法的表达式如下：

（1）几何叠加，有

$$\frac{u_{wj}}{u_j} = \prod_{i=1}^{n} \frac{u_{i-wj}}{u_j} \tag{4-25}$$

（2）线性叠加，有

$$1 - \frac{u_{wj}}{u_j} = \sum_{i=1}^{n} \left(1 - \frac{u_{i-wj}}{u_j}\right) \tag{4-26}$$

（3）能量平衡，有

$$u_j^2 - u_{wj}^2 = \sum_{i=1}^{n} (u_j^2 - u_{i-wj}^2) \tag{4-27}$$

（4）平方叠加，有

$$\left(1 - \frac{u_{wj}}{u_j}\right)^2 = \sum_{i=1}^{n} \left(1 - \frac{u_{i-wj}}{u_j}\right)^2 \tag{4-28}$$

（5）取最小值，有

$$u_{wj} = \min\{u_{1-wj}, u_{2-wj}, u_{3-wj}, \cdots, u_{i-wj}, \cdots, u_{n-wj}\} \tag{4-29}$$

式中　　u_j——j 号风电机组受到尾流前的风速；

　　　　u_{wj}——j 号风电机组受到所有风电机组尾流后的风速；

　　　　u_{i-wj}——仅当 i 号风电机组存在时，j 号风电机组受到尾流后的风速，该值由尾流模型计算。

目前，针对不同的风电场，各经典尾流叠加方法的模拟结果往往各有优劣，有时可能均无法正确表征现场实测功率衰减变化规律。在经典尾流叠加方法中，风电场任意点位的尾流损失，通常可以由每个风电机组在该处的亏损进行线性叠加，或者取亏损最大值。

4.2.6.2　风电场尾流叠加方法

基于二维 Park 尾流模型的风电场尾流叠加方法主要包含风电场尾流叠加方法和风电机组盘面尾流亏损模型两个部分。区别于关注风电机组间的尾流叠加的经典尾流叠加方法，风电场尾流叠加方法考虑了风电机组群和风电场耦合作用。该方法将风电机组群视作具有上下游关系的若干台风电机组，当上游风电机组置入风电场时，其会与风电场发生作用，风电场的风资源条件会发生改变，下游风电机组相当于放置在考虑上游风电机组尾流影响后的新风电场中。

风电场尾流叠加方法的计算步骤大致可分为以下 4 步：

（1）上下游关系确定。以来流风向 α（测风塔处的风速方向或所有风电机组平均的风速方向）对风电机组进行排序，确定风电机组间的上下游关系为

$$s = -\boldsymbol{x}\left(\sin\frac{\alpha\pi}{180}, \cos\frac{\alpha\pi}{180}, 0\right) \tag{4-30}$$

式中　　$\boldsymbol{x}$——风电机组的坐标。

s 越小表示越上游。

（2）风电机组尾流亏损计算。计算当前风电场条件下，单台风电机组产生的尾流亏损为

$$\Delta u_w(\boldsymbol{x}) = |\boldsymbol{u}_{WT}| F_{2D\text{-Park}}(\boldsymbol{x} - \boldsymbol{x}_{WT}) \tag{4-31}$$

式中 Δu_{w} ——风电机组尾流产生的速度亏损；

$F_{\mathrm{2D\text{-}Park}}$ ——二维 Park 尾流模型的作用，该作用与风电机组输入的风速 u_{WT} 以及目标点位置 x 和风电机组位置 x_{WT} 的坐标差有关。

（3）尾流亏损叠加，将风速亏损 Δu_{w} 与风电场风速 u^n 进行叠加，计算上游风电机组影响后的新风电场风速 u^{n+1}。

（4）循环步骤（2）和步骤（3），直至所有风电机组产生的尾流亏损叠加完成。

4.2.6.3 风电机组盘面尾流亏损模型

经典尾流叠加方法主要基于早期的一维尾流模型提出，通常使用下游风电机组轮毂高度处的风速亏损代替整个盘面的风速亏损。虽然这种方式在计算上会比较简易，但是最新大量研究表明风电机组的尾流亏损基本满足高斯分布，仅使用轮毂高度处的风速作为亏损的平均值进行计算可能存在误差。因此，综合考虑有无尾流时下游风电机组盘面上的风速分布特征，提出了风电机组盘面尾流亏损模型。该模型以风电机组盘面的平均风速亏损代替风电机组轮毂高度处的风速亏损。

自然条件下，风速分布大多可以用风廓线模型进行近似。因此，在受到尾流之前，风电机组盘面平均风速 u_{M} 和轮毂高度处风速 u_{H} 的比值 η_1 为

$$
\begin{aligned}
\eta_1 &= \frac{u_{\mathrm{M}}}{u_{\mathrm{H}}} = \frac{1}{S} \int_{\Omega} \left(\frac{h}{h_{\mathrm{H}}} \right)^{\alpha} \mathrm{d}\Omega \\
&= \frac{1}{\pi R^2} \int_{\theta=0}^{\theta=2\pi} \int_{\rho=0}^{\rho=R} \rho \left(1 + \frac{\rho \sin\theta}{h_{\mathrm{H}}} \right)^{\alpha} \mathrm{d}\rho \mathrm{d}\theta
\end{aligned}
\tag{4-32}
$$

式中 S ——盘面的面积；

h ——盘面上任意一点的高度；

h_{H} ——轮毂的高度；

α ——风切变；

R ——风电机组半径；

ρ ——极坐标的长度值；

θ ——极坐标的弧度值。

参考麦克劳林公式，保留 3 阶无穷小，记

$$
\begin{aligned}
f(\rho) = 1 &+ \frac{\alpha \rho \sin\theta}{h_{\mathrm{H}}} + \frac{\alpha(\alpha-1)}{2} \left(\frac{\rho \sin\theta}{h_{\mathrm{H}}} \right)^2 \\
&+ \frac{\alpha(\alpha-1)(\alpha-2)}{6} \left(\frac{\rho \sin\theta}{h_{\mathrm{H}}} \right)^3
\end{aligned}
\tag{4-33}
$$

可得

$$
\begin{aligned}
\eta_1 &\approx \frac{1}{\pi R^2} \int_{\theta=0}^{\theta=2\pi} \int_{\rho=0}^{\rho=R} \rho \left[1 + f(\rho) \right] \mathrm{d}\rho \mathrm{d}\theta \\
&= 1 + \frac{1}{\pi R^2} \int_{\theta=0}^{\theta=2\pi} \int_{\rho=0}^{\rho=R} \rho f(\rho) \mathrm{d}\rho \mathrm{d}\theta \\
&= 1 + \frac{\alpha(\alpha-1)}{8} \frac{R^2}{h_{\mathrm{H}}^2}
\end{aligned}
\tag{4-34}
$$

　　由于 α 通常小于 1，因此 $u_{\mathrm{M}} < u_{\mathrm{H}}$，以半径 50m、轮毂高度 80m 的风电机组为例，当风切变 $\alpha = 0.1$ 时，$u_{\mathrm{M}} \approx 0.9956 u_{\mathrm{H}}$。因此，对于自然来流的风速，可以直接用轮毂高度处的风速近似，或使用 η_1 进行校正。

　　当上游风电机组产生尾流时，如果下游风电机组位于上游风电机组的尾流区域，下游风电机组会受到尾流影响，多风电机组尾流干涉示意图如图 4-8 所示。

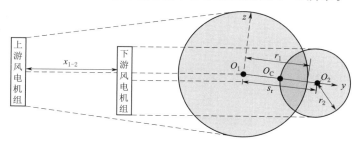

图 4-8　多风电机组尾流干涉示意图

　　记风电机组盘面尾流亏损比例为 η_{W}。在经典尾流叠加方法中，通常使用轮毂高度处的尾流亏损，或者该亏损与上游风电机组造成的尾流盘面与下游风电机组盘面的交界面面积与下游风电机组盘面面积比值的乘积作为风电机组盘面尾流亏损比例。记该经典尾流叠加方法的尾流亏损比例为 η_{WH}，可以表示为

$$\eta_{\mathrm{WH}} = \frac{S_{\Omega_{\mathrm{I}}}}{S_2} F\left(x_{1\text{-}2}, s_{\mathrm{r}}\right) = \frac{S_{\Omega_{\mathrm{I}}}}{S_2} A\left(x_{1\text{-}2}\right) G\left(s_{\mathrm{r}}\right) \tag{4-35}$$

式中　　Ω_{I} ——上游风电机组造成的尾流盘面与下游风电机组盘面的交界面；

　　　　S_2 ——下游风电机组盘面的面积；

　　　　A ——因风电机组下游点与风电机组在来流风向上投影距离造成的风速亏损；

　　　　G ——因风电机组下游点与来流风向方向上垂直距离产生的风速恢复；

　　　$x_{1\text{-}2}$ ——下游风电机组轮毂与上游风电机组轮毂在上游风电机组风速方向上的投影距离；

　　　　s_{r} ——下游风电机组轮毂与上游风电机组轮毂在上游风电机组风速方向上的垂直距离。

　　在此，提出了一种风电机组盘面尾流亏损模型，该模型以盘面上的平均尾流亏损比例 η_{WM} 作为风电机组盘面亏损。在二维 Park 尾流模型中，对于下游风电机组，其受到上游风电机组作用下的尾流亏损比例 η_{WM} 的计算公式为

$$\eta_{\mathrm{WM}} = \frac{1}{S_2} \int_{\Omega_{\mathrm{I}}} F\left(x_{1\text{-}2}, s_{\mathrm{r}}\right) \mathrm{d}S$$

$$= \begin{cases} \dfrac{A\left(x_{1\text{-}2}\right)}{S_2} \displaystyle\int_{y=s_{\mathrm{r}}-r_2}^{s_{\mathrm{r}}+r_2} \int_{z=-\sqrt{r_2^2-(s_{\mathrm{r}}-y)^2}}^{\sqrt{r_2^2-(s_{\mathrm{r}}-y)^2}} G\left(\sqrt{y^2+z^2}\right) \mathrm{d}z\,\mathrm{d}y, & s_{\mathrm{r}} < r_1 - r_2 \\[2.5em] \dfrac{A\left(x_{1\text{-}2}\right)}{S_2} \displaystyle\int_{y=s_{\mathrm{r}}-r_2}^{r_1} \int_{z=-\sqrt{r_2^2-(s_{\mathrm{r}}-y)^2}}^{\sqrt{r_2^2-(s_{\mathrm{r}}-y)^2}} G\left(\sqrt{y^2+z^2}\right) \mathrm{d}z\,\mathrm{d}y, & r_1 - r_2 \leqslant s_{\mathrm{r}} \leqslant r_1 + r_2 \\[2.5em] 0, & s_{\mathrm{r}} > r_1 + r_2 \end{cases}$$

$$\tag{4-36}$$

式中 y ——以 O_1 为原点，平行于 O_1O_2 坐标轴的坐标值；

　　　z ——以 O_1 为原点，垂直于 O_1O_2 坐标轴的坐标值；

　　　r_1 ——上游风电机组尾流盘面的半径；

　　　r_2 ——下游风电机组盘面的半径。

由于该积分的计算过程较为复杂，在此，本书提出了一种简化的计算方法，通过构建 Heaviside 函数，以离散化的方式计算尾流亏损比例 η_{WM}，该计算公式为

$$\eta_{\mathrm{WM}} = \frac{\displaystyle\sum_{y=s-r_2-1}^{s+r_2+1} \sum_{z=-r_2-1}^{r_2+1} H(\phi_1) H(\phi_2) F(x_{1-2}, s_r)}{\displaystyle\sum_{y=s-r_2-1}^{s+r_2+1} \sum_{z=-r_2-1}^{r_2+1} H(\phi_2)} \tag{4-37}$$

$$H(\phi_i) = \begin{cases} 0 & , \phi_i < -1 \\ \dfrac{1+\phi_i}{2} + \dfrac{1}{2\pi}\sin(\pi\phi_i) & , |\phi_i| \leqslant 1 \\ 1 & , \phi_i > 1 \end{cases} \tag{4-38}$$

$$\phi_1 = r_1 - \sqrt{y^2 + z^2} \tag{4-39}$$

$$\phi_2 = r_2 - \sqrt{(y-y_2)^2 + (z-z_2)^2} \tag{4-40}$$

式中 ϕ_1 ——空间点与上游风电机组尾流盘面的符号距离（内正外负）；

　　　ϕ_2 ——空间点与下游风电机组盘面的符号距离（内正外负）。

以 $A=1$、$r_1=50$、$r_2=40$ 为例，不同 s_r 时，风轮盘面亏损结果对比如图 4-9 所示。

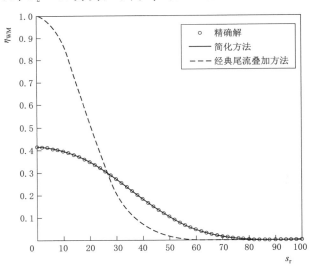

图 4-9　风轮盘面亏损结果对比

如图 4-9 所示，简化方法能够较为精确地求解 η_{WM}，而经典尾流叠加方法计算结果则与精确解存在较大的偏差，且计算结果会在 s_r 较小时偏大而在 s_r 较大时偏小。

算例验证采用位于河北省的石人风电场，其中风电机组 A1-4 和 A9-2 串联。刘智

益等采用多普勒激光测风雷达对该两台风电机组进行了相关的测风实验，实验数据较为充分，能够直接反映尾流叠加效应的机理。本书在此以石人风电场实验数据作为输入，该实验中含有两台风电机组 A1-4 和 A9-2，两风电机组的轮毂海拔均为 1865.60m，风轮直径 D 均为 77m，湍流强度均为 0.082311，风速均为 7.92m/s，推力系数分别为 0.777、0.892，风电机组间距离为 6.419D，如图 4-10 所示。

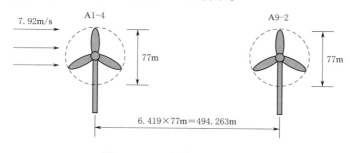

图 4-10　双风电机组示意图

该案例 3 种尾流叠加方法的计算结果如图 4-11 和图 4-12 所示（Park 尾流模型中需要考虑湍流修正，k_w 取 0.195）。

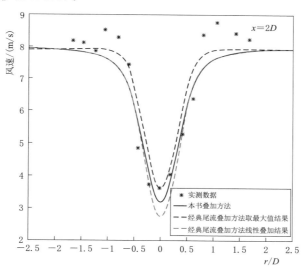

图 4-11　A9-2 下游 2D 距离处的风速

各叠加方法与实测数据的偏差 ε 计算公式为

$$\varepsilon = \frac{1}{m}\sum_{i=1}^{m}\left|\frac{u_{CAL}(i)-u_M(i)}{u_M(i)}\right|\times 100\% \qquad (4-41)$$

式中　u_{CAL}——模型计算结果；

　　　u_M——实测结果；

　　　i——实验数据的编号；

　　　m——实验数据总数。

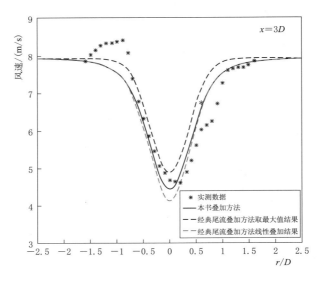

图 4 - 12 A9 - 2 下游 3D 距离处的风速

各叠加方法与实测数据的偏差 ε 计算结果见表 4.1 （计算时已剔除大于来流风速的实测数据）。

由上述图表可知，由于考虑了尾流叠加影响，本书叠加方法计算的尾流损失比经典尾流叠加方法取最大值方式计算的尾流损失要高。同时，由于考虑风电机组盘面与尾流盘面的关系影响，本书叠加方法计算的尾流损失要比经典尾流叠加方法线性叠加方式计算的尾流损失要低。整体上，本书叠加方法的尾流计算结果与实验测量的尾流结果更为吻合。

表 4 - 1 各叠加方法与实测数据的偏差 ε 计算结果

叠加方法类别	ε / %	
	$x=2D$	$x=3D$
本书叠加方法	7.13	4.88
经典尾流叠加方法取最大值	8.67	5.67
经典尾流叠加方法线性叠加	11.23	8.56

4.3 风电机组数值尾流模型

为进一步地解析尾流对风电机组叶片及大气流场的影响，致动模型作为既可简化叶片建模、又可最大限度保留叶片气动特性的方法，结合 CFD 技术的发展与计算资源的性能提升，已成为风电机组空气动力学领域的高精度尾流模拟方式之一。

致动模型的核心理论是将风电机组风轮简化成与流场相互作用的可穿透边界，以在网格节点上分布体积力的方式来模拟风电机组对流场的作用，因此在致动模型的计算流场中不存在真实的风电机组叶片。与传统的 CFD 计算方法一样的是，致动模型的控制方程为 N - S 方程，不同的是，致动模型的动量控制方程中添加了表征风电机组叶片的体积力源项。由于体积力在流场中分布的形式不同，致动模型又可分为致动盘模型（actuator disc

model，ADM)、致动线模型（actuator line model，ALM)、致动面模型（actuator sur-
face model，ASM)。由于不需要求解叶片的流场，采用致动模型的计算可以将网格分配
到整个流场区域，使得网格跨度减小，既节省了计算资源，又提高了风电机组附近流场的
计算精度，多用于风电机组或风电场尾流的计算。

（1）ADM 模型将风轮视为一个由无限多叶片组成的圆盘，来流经过圆盘代表的风轮
后会速度下降、压力突变，这个圆盘就被称为致动盘。致动盘是风轮的简化模型，可以在
一定程度上反映风轮对来流的偏转与阻挡作用。构建 ADM 模型，需要知道风轮在特定工
况下受到的总轴向推力，再将总推力平均分配到风轮扫风面积大小的盘面上。通常通过将
动量叶素（blade element momentum，BEM）理论与常规的 CFD 方法相结合，即先用
BEM 理论求解风轮叶片的气动力，再将气动力作为体积力源项作用到流场中，通过 N-S
方程求解流场，产生了各种各样改进后的 ADM 模型。为简化 CFD 计算，研究者常将风
轮等效成致动盘，求解尾流场。由于风轮的工作环境在大气边界层中，ADM 模型需要与
大气边界层模型相互结合求解尾流场；同时 ADM 模型只考虑了风轮对流场的动量影响，
而实际中风轮处的湍流也发生改变，因此 ADM 模型也需要与湍流模型改进结合。

（2）不同于将轴向推力平均分布至风轮盘面的 ADM 模型，ALM 模型将体积力分布
到叶片上的一个个致动点上，利用带体积力的随时间旋转的线来代替旋转中风轮的各叶
片。而由于 ALM 模型将体积力分布至叶片上，为了保证计算精度，需要利用叶素理论对
沿叶片展向上的各翼型进行计算以确定体积力。叶素理论将叶片分为一系列的叶素段，假
设各叶素之间互不干扰，则可以将每一段叶素都视为二维翼型的延展。计算叶素段的体积
力需要提前获取各翼型的气动参数，包括各翼型升阻力系数随攻角变化的值、弦长、扭角
等数据。ALM 模型最主要的优势在于可以用二维翼型数据来代替实际的叶片，因此不需
要对叶片的几何形状进行处理，并且可以省去大量的网格来提高运算速度。同时，ALM
模型将控制翼型截面上的力集中到参考点，考虑体积力沿叶片展向和旋转方位角的变化，
从而使叶片简化为一条受体力的线，能有效模拟叶片涡脱落及发展过程，应用于不同尾流
结构的动力学研究，例如叶尖或者叶根部分的涡流研究。

（3）ASM 模型是在 ALM 模型的基础上考虑体积力沿弦向的分布，将叶片简化成一
个可穿透的无厚致动面提出的。与 ALM 模型相似，ASM 模型也需要借助 BEM 模型计算
叶片作用力，同样利用高斯分布函数将体积力过渡到周围计算网格上。不同的是 ASM 模
型计算不仅需要知道翼型的升阻力系数，还需要知道翼型表面压力和摩擦力分布。与
ALM 模型相比，同样是利用高斯分布函数将沿弦向分布的二维体积力源项均匀过渡到周
围流场，但 ASM 模型能得到翼型弦向分布的流场信息以及翼尖涡，对风电机组近尾流场
的模拟精度在一定程度上得到了提高，更符合真实叶片的物理意义。

从工程应用角度而言，与 ALM 模型和 ASM 模型相比，ADM 模型更为高效，因为
其可容忍更低的网格空间分辨率并求风电场稳态流动的解。

4.4 大型风电场/基地尾流效应

综合考虑资源禀赋、开发成本、市场消纳、送出通道等因素，由同一区域内多个风电

场组成的风电基地开发仍是我国风电发展的主流模式，尤其是以沙漠、戈壁、荒漠及海上地区为重点的风电基地，其一般位于开阔的平原或者海上，风电机组数量较多，风电机组之间呈较为规则的、致密的排布。大型风电场/基地中，风电机组相对紧密的排布使其本身也具备一定的地理特征属性，可以理解为地表粗糙元，或等效障碍物，大型风电场可被视为一块粗糙度数值较高的区域。此时，单一的风电机组尾流模型显然无法完全考虑这些现象。研究表明，紧密排布的大型风电场，普通的尾流模型会严重地低估场区下游风电机组受到的尾流影响，从而高估其发电量，其实际尾流损失要远大于传统模型预测的值，这是很多大型风电场发电量低于预期的原因之一。

在风电机组工程尾流和密集排布的风电机组阵列共同作用下，边界层顶部的动量不断生成，并向地面传输，形成动态平衡。风电机组消耗这些动量，也就成了这个动态平衡的组成部分，与树木和其他粗糙元类似，形成内部边界层（internal boundary layer，IBL），进而引起风电场址地表等效粗造度整体增加，风廓线发生变化，形成内部边界层效应。

致密排布的风电机组可视为一块数值均匀的高粗糙度区域，粗糙度对大气施加阻力，导致下游边界层结构变化，使得风电场中各排风电机组轮毂高度处的自由流风速受到一定程度的影响。在地形变化相对平缓的大型风电场下游区域范围，受粗糙度对大气施加的阻力影响，其垂直方向（尤其在近地层区域）的平均风速廓线并不完全遵循对数率分布，下游边界层内的自由来流风速垂直廓线将发生变化。根据离地高度的不同，可分为三层，分别为内部边界层、过渡层和对数律层，各层对应大气边界层背景（自由来流）风速 u 的变化幅度差异较大，有

$$
u(z) = \begin{cases}
u_f(z) & ,z^* \geqslant l_2 h^* \\[4mm]
u_f(z) \cdot \dfrac{1}{\ln \dfrac{z^*}{z_0}} \left\{ \begin{aligned} &\dfrac{\ln \dfrac{h^*}{z_0{}^*}}{\ln \dfrac{h^*}{z_0{}^*}} \cdot \ln \dfrac{l_1 h^*}{z_0{}^*} \left(1 - \dfrac{\ln \dfrac{z^*}{l_1 h^*}}{\ln \dfrac{l_2}{l_1}} \right) \\ &+ \ln \dfrac{l_2 h^*}{z_0} \cdot \dfrac{\ln \dfrac{z^*}{l_1 h^*}}{\ln \dfrac{l_2}{l_1}} \end{aligned} \right\} & ,l_1 h^* \leqslant z^* < l_2 h^* \\[4mm]
u_f(z) \cdot \dfrac{\ln \dfrac{h^*}{z_0} \ln \dfrac{z^*}{z_0{}^*}}{\ln \dfrac{z^*}{z_0} \ln \dfrac{h^*}{z_0{}^*}} & ,z^* \leqslant l_1 h^*
\end{cases}
$$

$$(4-42)$$

其中

$$z^* = z - H_{\text{start}}$$
$$h^* = h_{\text{IBL}} - H_{\text{start}}$$

式中　z——实际离地高度；

　　　z_0——风电场址所处区域实际地表粗糙度；

$u_f(z)$ ——不考虑大型风电场尾流效应模型时的风廓线计算风速，即常用对数律风速廓线下的计算风速；

z^* ——相对高度；

H_{start} ——模型生效参考高度，通常在轮毂高度之内，推荐取 0，即内部边界层对流场的影响从地面开始；

h^* ——内部边界层相对高度；

h_{IBL} ——内部边界层高度。

h_{IBL} 可通过以下方式计算得到

$$\frac{h_{\text{IBL}}}{z_0^*}\left(\ln\frac{h_{\text{IBL}}}{z_0^*}-1\right)=0.9\frac{x_{\text{IBL}}}{z_0^*} \tag{4-43}$$

式中　x_{IBL} ——内部边界层长度，一般指风电场内部沿着来流方向到风电场第一排对应风电机组的直线距离；

h_{IBL} ——内部边界层高度，随着内部边界层长度 x_{IBL} 的增加而变化；

z_0^* ——大型风电场区域的等效粗糙度，其与地表粗糙度、风电轮毂高度、风电机组排布的紧密程度有关，计算方法为

$$z_0^*=h_H\cdot\exp\left[-\frac{\kappa}{\sqrt{C_t+\left(\dfrac{\kappa}{\ln\dfrac{h_H}{z_0}}\right)^2}}\right] \tag{4-44}$$

其中

$$C_t=\frac{\pi}{8S_dS_c}C_T \tag{4-45}$$

式中　h_H ——风电机组轮毂高度；

κ ——冯卡门常数；

C_t ——风电机组所在地区单位面积上的阻力系数；

S_d ——采用风轮直径 D 无量纲化后，得到的风电机组上下风向行间距无量纲值；

S_c ——同一行风电机组之间的间距无量纲值；

C_T ——风电机组的推力系数。

l_1 和 l_2 用于对大型风电场上空的大气边界层进行分层，其取值范围通常为 $0.05<l_1<0.09$，$0.30<l_2<0.35$。当 $0\leqslant z^*\leqslant l_1h^*$ 时，为内部边界层区域；当 $l_1h^*\leqslant z^*<l_2h^*$ 时，为过渡层区域；当 $z^*\geqslant l_2h^*$ 时，为对数律层区域（即不再受到大型风电场尾流效应的影响）。

大型风电场形成的大气边界层样貌与风电机组的排布方式和密度有关，这与粗糙元的概念是一致的。因此，大型风电场的尾流效应还包括对风电场排布方式的几何方法。

大型风电场往往处于地形较为平缓、湍流强度较低的区域，而较低的湍流强度将造成尾流效应更加明显，并持续更远的距离。此外，当存在大型风电场时，局地天气系统将受到显著影响，主要表现为边界层风速廓线的变化，导致风电机组可获取的风能降低。

风电机组尾流结构复杂，包括大气湍流、风电机组部件绕流、风电机组运行脱出的旋

转气流。此外，尾涡发展演变模式多样，包括集中涡的形成、发展和衰减的演变，集中涡与大气湍流涡的相互牵扯与融合等。尾流效应不仅会降低下游风电机组的输出功率，还会增加叶片的非定常载荷，同时影响叶片的气固耦合特性和产生附加气动噪声。研究表明，即使在风电机组下游 $10D \sim 12D$（D 为风轮直径）距离后，尾流作用仍然存在，对下游风电机组产生不可忽视的影响。

对于包含数上百台风电机组的风电场而言，风电机组尾涡的叠加和相互干扰以及尾流与大气的动量掺混等，使得尾流场呈现强非定常、多尺度效应、热力—动力耦合等高度复杂的特点。据统计，受风电场布局及大气热稳定度的影响，风电场混合尾流可在下游发展 $5 \sim 20 km$。另外，大型风电机组叶片尺寸与大气边界层中的湍流大涡结构相当，可能引发共振效应，使得大型叶片非定常载荷的变化更为严峻，对风电机组安全性和风电场寿命产生影响。因此，开展风电机组、风电场尾流研究对风电机组的设计与选型、风电功率预测、风电机组布局优化等各项工作具有重要科学意义和应用价值。

4.5　风电基地的尾流研究案例

酒泉地区是甘肃省风资源最丰富的地区，具备建设风电基地的条件。基于此，2007年国家能源局及甘肃省省委、省政府提出"建设河西风电走廊，再造西部陆上三峡"的战略目标，提出在酒泉地区建设千万千瓦级风电基地的设想。2010 年年底，酒泉风电基地一期 380 万 kW 风电基地全部建成，主要包括昌马、北大桥、干河口和桥湾 4 个区域。至 2022 年年底，酒泉风电基地二期首批 300 万 kW、第二批 500 万 kW 风电基地全部建成。本书在编写过程中以酒泉风电基地一期为例，开展了大量的现场观测实验及尾流研究工作，本节主要介绍酒泉风电基地一期的尾流研究相关成果。

4.5.1　酒泉风电基地简述

4.5.1.1　基地总体概况

酒泉地区位于甘肃省河西走廊西端，是甘肃省风资源最丰富的地区，酒泉风电基地所在区域南部为祁连山脉，北部为北山山系，中部为平坦的戈壁滩，地势开阔，地形平坦，适合成片开发，具备建设风电基地的条件。

根据酒泉风电基地实测数据分析统计，该风电基地 70m 高度代表年年平均风速介于 $6.5 \sim 7.8 m/s$，风功率密度介于 $250 \sim 550 W/m^2$，年有效风速小时数在 6300h 以上，属风资源 Ⅱ 类地区。

根据酒泉风电基地布局情况和开发现状，选择酒泉风电基地一期的干河口区域进行尾流影响研究。选择干河口区域作为研究区域有以下几个方面原因：

（1）干河口区域地形平坦，场地开阔，其研究成果可应用于其他风电基地。

（2）干河口区域规划的风电场是酒泉风电基地集中布局最为规整的风电基地，规划风电场总装机容量 160 万 kW，分为 8 座大小相同的风电场，场址范围大小规则统一，排列规整，分南北两排、东西四列。

（3）干河口区域地形较为平坦，每个风电场风电机组排布方案较为一致，均采用梅花形规则布置方案和"3+3"布局模式，风电机组排布间距方案也较为接近。

（4）风电场主要采用 WTG1、WTG2 和 WTG3 三个风电机组厂家，风电机组的型式和种类较为单一，运行数据形式也不多，给数据的收集整理和分析处理带来方便。

4.5.1.2　干河口区域情况

酒泉风电基地一期干河口区域风电场由大小相同的 8 座风电场组成，分别为干河口一～干河口八，每个风电场场址规模均为 8km×5km，占地面积均为 40km²。相邻两个风电场间在东西方向上预留 1.5km 宽的风速恢复带（受风电机组排布间距影响，部分相邻风电场风电机组最大间距约为 1.88km）。每个风电场安装 133 台（134 台）1500kW 型风电机组，风轮直径为 77m 或 82m，各风电场装机容量约为 200MW（根据风电机组台数不同，实际容量为 199.5MW 或 201MW），区域总装机容量为 160 万 kW。干河口区域风电场布局示意图如图 4-13 所示。

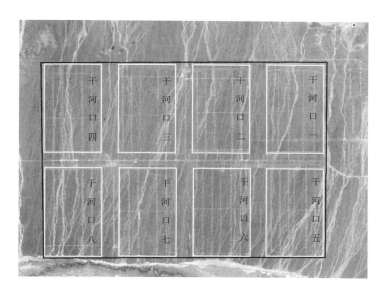

图 4-13　干河口区域风电场布局示意图

1. 风速、风功率密度风向特征

干河口区域风电场 2008 年完整一年各测风塔风速、风功率密度统计值见表 4-2。

表 4-2　　　　　　　插补延长后各测风塔风速、风功率密度统计值（2008 年）

测风塔	高度/m	项目	1月	2月	3月	4月	5月	6月	7月	8月	9月	10月	11月	12月	年均
001#	70	风速/(m/s)	5.60	6.06	8.03	6.49	8.26	7.40	8.18	8.86	8.04	6.14	5.80	6.86	7.15
		风功率密度/(W/m²)	274	379	576	356	577	409	576	739	589	307	268	540	467
002#	70	风速/(m/s)	5.82	5.95	7.97	6.46	8.40	7.42	8.23	8.90	8.13	6.16	5.64	6.89	7.17
		风功率密度/(W/m²)	299	358	568	349	588	404	585	749	599	300	250	518	465

续表

测风塔	高度/m	项 目	1月	2月	3月	4月	5月	6月	7月	8月	9月	10月	11月	12月	年均
003#	70	风速/(m/s)	5.77	5.88	7.96	6.43	8.38	7.43	8.31	8.95	8.15	6.14	5.66	6.90	7.17
		风功率密度/(W/m²)	302	376	605	364	607	419	600	762	612	317	264	540	482
004#	70	风速/(m/s)	6.09	6.58	7.79	7.40	8.30	7.64	8.52	9.19	8.42	6.44	5.84	7.08	7.45
		风功率密度/(W/m²)	340	468	441	356	577	448	626	798	649	346	272	590	493
005#	70	风速/(m/s)	5.83	6.03	7.94	6.46	8.33	7.16	7.95	8.85	7.93	6.03	5.20	6.74	7.05
		风功率密度/(W/m²)	306	351	568	334	585	385	583	775	589	272	221	538	460
009#	70	风速/(m/s)	5.92	6.26	8.15	6.52	8.37	7.45	8.09	8.97	8.07	6.14	5.64	6.85	7.21
		风功率密度/(W/m²)	293	375	584	342	576	405	562	750	591	288	245	502	460
007#	70	风速/(m/s)	5.91	6.27	7.69	6.79	7.85	7.33	8.26	9.06	8.12	6.21	5.37	7.05	7.17
		风功率密度/(W/m²)	325	427	455	291	543	406	625	803	625	321	244	582	472
008#	70	风速/(m/s)	5.84	6.06	7.86	6.35	8.14	7.15	7.99	8.87	7.92	6.10	5.24	6.96	7.04
		风功率密度/(W/m²)	297	351	559	305	536	370	559	748	579	317	233	548	452

　　根据各测风塔风向统计，该地区盛行风向为东（E）风或偏东风。002#测风塔观测时段风能分布玫瑰图如图4-14所示。

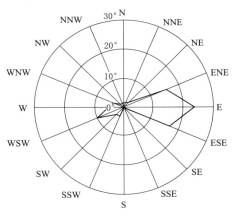

图4-14　002#测风塔观测时段风能分布玫瑰图

2. 风电机组布置及风电机组型式

　　干河口区域风电场采用风电机组及风电机组布置方案情况见表4-3，风电机组布置方案示意图如图4-15所示。

表 4-3　　　　　　干河口区域风电场采用风电机组及风电机组布置方案情况

风电场	机　型	台数	轮毂高度/m	总装机容量/MW	布　置　方　案
干河口一	WTG3-77A/1500	133	61.5	199.5	4.5D×（11D、12D、13D）+17D 350m×（847m、924m、1001m）+1309m
干河口二	WTG3-77B/1500	133	70	199.5	4.5D×10D+20D （350m×770m）+1540m
干河口三	WTG2-77/1500	134	70	201	4.5D×10D+20D （350m×770m）+1540m
干河口四	WTG2-82/1500 WTG1-82/1500	60 73	70	199.5	4.5D×10D+21D （370m×820m）+1720m
干河口五	WTG2-82/1500 WTG1-82/1500	100 34	70	201	4.3D×9.6D+18.8D （350m×770m）+1540m
干河口六	WTG1-82/1500	134	70	201	4.5D×10D+20D （370m×820m）+1640m
干河口七	WTG2-82/1500	134	70	201	4.5D×10D+20D （370m×820m）+1640m
干河口八	WTG2-82/1500	134	70	201	4.5D×10D+21D （370m×820m）+1720m

注　D 为风轮直径。

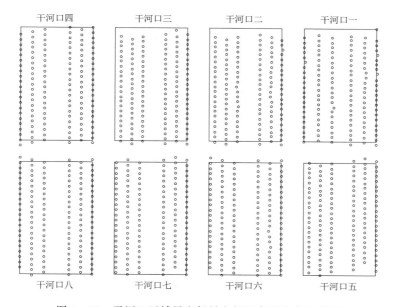

图 4-15　干河口区域风电场风电机组布置方案示意图

各机型的主要技术参数见表 4-4，各机型当地空气密度（1.093kg/m³）下的功率及推力系数见表 4-5。

表 4 - 4 各机型主要技术参数表

项 目	机 型				
	WTG1 - 82/1500	WTG2 - 77/1500	WTG2 - 82/1500	WTG3 - 77A/1500	WTG3 - 77B/1500
1. 机组数据					
额定功率/kW	1500	1500	1500	1500	1500
功率调节方式	变桨变速	变桨变速	变桨变速	变桨变速	变桨变速
直径/m	82	77.4	82.9	77	77
切入风速/(m/s)	3.0	3.0	3.0	3.0	3.0
额定风速/(m/s)	10.3	11.0	10.5	12.5	12.5
切出风速/(m/s)	22.0	20.0	20.0	20.0	20.0
极限风速/(m/s)	52.5	52.5	59.5	52.5	52.5
运行温度/℃	−30～+40	−30～+45	−30～+45	−20～+40	−30～+40
对风方向	上风向	上风向	上风向	上风向	上风向
2. 叶片					
叶片数	3	3	3	3	3
风轮转速/(r/min)	38.8～74.58	9.7～19	9.7～19	9.6～17.3	9.6～17.3
扫风面积/m²	5324	4657	5398	4657	4657
3. 发电机					
制造厂家/型号	直驱永磁同步发电机	双馈式异步发电机	双馈式异步发电机	双馈式异步发电机	双馈式异步发电机
额定功率/kW	1580	1520	1520	1500	1500
输出电压/V	690	690	690	690	690
额定转速/转速范围/(r/min)	17.3	1800/1000～2000	1800/1000～2000	1000～1800	1000～1800
功率因数	容性0.95～感性0.95	容性0.95～感性0.9	容性0.95～感性0.9	容性0.95～感性0.95	容性0.95～感性0.95
防护等级	IP23	IP54	IP54	IP54	IP54
4. 机舱和塔架					
机舱重量（不包括风轮）/t	55.4	55.614	55.614	61	61
叶片重量/t	3×6.085	3×5.9	3×6.3	3×6.3	3×6.3
轮毂重量/t	13.85	16.462	16.642	15.5	15.5
塔架类型	锥型钢筒	锥型钢筒	锥型钢筒	锥型钢筒	锥型钢筒
塔架高度/m	70	70	70	61.5	70
塔架重量/t	121.5	125.2	125.2	90.5	127.66

表 4-5   各机型当地空气密度（1.093kg/m³）下功率及推力系数表

风速/(m/s)	机型									
	WTG1-82/1500		WTG2-77/1500		WTG2-82/1500		WTG3-77A/1500		WTG3-77B/1500	
	功率/kW	推力系数	功率/kW	推力系数	功率/kW	推力系数	功率/kW	推力系数	功率/kW	推力系数
3	22.9	1.001	6.6	1.010	4.5	1.106	1	1.1	1	1.1
4	79.4	0.826	32.2	0.868	72.2	0.915	41	0.93	41	0.93
5	161.3	0.767	100.4	0.760	164.7	0.79	115	0.82	115	0.82
6	284.8	0.767	199.1	0.696	300	0.792	228	0.81	228	0.81
7	457.6	0.767	334.7	0.698	489.3	0.795	379	0.81	379	0.81
8	688.4	0.767	515.8	0.701	749.9	0.797	574	0.77	574	0.77
9	967.7	0.731	747.2	0.703	1064.3	0.736	807	0.7	807	0.7
10	1261.1	0.665	1024	0.693	1395.9	0.671	1046	0.64	1046	0.64
11	1500	0.551	1311.7	0.636	1500	0.48	1262	0.57	1262	0.57
12	1500	0.389	1497.8	0.499	1500	0.35	1424	0.44	1424	0.44
13	1500	0.295	1500.2	0.366	1500	0.268	1496	0.33	1496	0.33
14	1500	0.233	1500.2	0.284	1500	0.212	1500	0.26	1500	0.26
15	1500	0.188	1500.2	0.228	1500	0.172	1500	0.21	1500	0.21
16	1500	0.154	1500.2	0.187	1500	0.142	1500	0.17	1500	0.17
17	1500	0.129	1500.2	0.156	1500	0.119	1500	0.14	1500	0.14
18	1500	0.109	1500.2	0.132	1500	0.101	1500	0.12	1500	0.12
19	1500	0.094	1500.2	0.113	1500	0.086	1500	0.1	1500	0.1
20	1500	0.081	1500.2	0.098	1500	0.075	1500	0.09	1500	0.09
21	1500	0.071								
22	1500	0.063								

4.5.2 发电出力特性分析

酒泉风电基地由于限电问题较为严重，风电基地出力主要受电网调度制约，而非受实际风速控制，因而通过现有风电场运行数据获取具有指导意义的发电出力特性非常困难。本节采用软件模拟的方法提出干河口区域风电场的理论出力特性。

根据统计分析，干河口区域多数测风塔具有2008年接近完整一年同期测风数据。同时，2008年的测风数据长系列代表性较好。酒泉风电基地出力过程计算主要采用干河口区域8座测风塔2008年完整一年逐小时风速数据。通过模拟计算，得到酒泉风电基地干河口区域160万kW项目出力特性，见表4-6，出力保证率曲线图如图4-16所示，累计电量曲线图如图4-17所示。

表4-6　　　　　　　　　酒泉风电基地干河口区域160万 kW 项目出力特性表

出力/万 kW	容量系数/%	出力保证率/%	累计电量/%
0	0	100	0
8	5	59.21	12.43
16	10	50.43	22.64
24	15	44.32	31.5
32	20	39.52	39.31
40	25	35.74	46.36
48	30	32.52	52.74
56	35	29.76	58.56
64	40	27.28	63.89
72	45	25.09	68.79
80	50	23.08	73.29
88	55	21.27	77.43
96	60	19.59	81.25
104	65	17.88	84.76
112	70	16.23	87.96
120	75	14.42	90.83
128	80	12.76	93.37
136	85	11.11	95.61
144	90	9.14	97.51
152	95	6.93	99.02
160	100	0	100

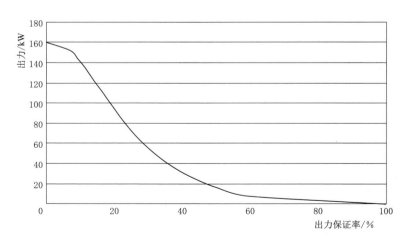

图4-16　酒泉风电基地干河口区域160万 kW 项目出力保证率曲线图

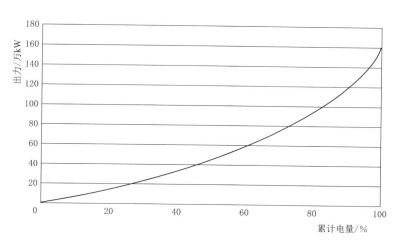

图 4-17 酒泉风电基地干河口区域 160 万 kW 项目累计电量曲线图

由表 4-6 可以看出,酒泉风电基地干河口区域 160 万 kW 项目中,当风电出力控制在 120 万 kW 时,风电上网容量系数为其装机容量的 75%,累计电量占总电量的 90.83%。

4.5.3 风电场尾流分析

研究利用 WINDCUBE 200s 激光雷达同步开展干河口三风电场和干河口四风电场的尾流测量。本节主要以 WINDCUBE 200s 激光雷达西向测量成果和干河口四风电场逐小时 SCADA 数据为研究对象进行尾流特性分析数据组挑选并开展尾流分析。

4.5.3.1 尾流分析数据集的选取

经过筛选,得到可用于尾流分析的数据时段,见表 4-7,其中 * 表示该时段平均风速低于或仅略高于 3m/s,分析价值较小;** 表示该时段激光雷达无有效数据;√ 表示该时段数据具有分析价值。

表 4-7　　　　　　　　　　　尾流分析数据集时段统计表

东　　风		
风电场内所有风电机组均发电	2016.08.26 13:00**	2016.08.30 9:00√	2016.09.03 17:00**
	2016.09.06 21:00*	2016.10.12 10:00√	2016.10.12 11:00√
	2016.10.12 22:00√	2016.10.13 21:00√	
部分发电	2016.08.27 12:00*		
东　东　北　风		
风电场内所有风电机组均发电	2016.09.05 19:00√	2016.09.05 21:00*	2016.09.06 15:00*
	2016.09.07 7:00√	2016.09.07 8:00√	2016.09.08 4:00*
	2016.09.08 7:00*	2016.10.12 23:00√	2016.10.13 0:00√
	2016.10.13 1:00√	2016.10.13 2:00√	2016.10.13 3:00√
	2016.10.13 4:00√	2016.10.13 5:00√	2016.10.13 6:00√
	2016.10.13 7:00√		

续表

	2016.10.02 23：00√	2016.10.03 0：00√	2016.10.03 1：00√
部分发电	2016.08.26 2：00√	2016.08.26 3：00√	2016.08.26 4：00
	2016.08.31 9：00√	2016.08.31 10：00**	2016.09.05 21：00*
	2016.09.08 8：00*	2016.09.11 8：00	

根据挑选出的数据集特点，本次可开展的尾流分析分为低风速段尾流和高风速段尾流两类。

4.5.3.2 低风速段尾流特征分析

1. 东风低风速段尾流特征分析

以 2016.10.12 22：00 时段为代表进行东风低风速段的风电机组尾流特征分析，该时段风电场入流风速为 6.03m/s（由 WINDCUBE V2 测量获得），与所收集数据时段内风电场的平均风速基本一致，对风电场内部尾流平均状况具有较好的代表性；风向为正东风，与风电场设计工况一致。WINDCUBE 200s 实测各高度角云图如图 4-18～图 4-20 所示，图中颜色越深表示尾流影响越大。

从图中可以看出，对比 Scan_1～Scan_3 测量成果，Scan_1 测量到的尾流尾迹最清晰，传播距离最远，这与激光雷达垂直测量特性的理论分析结论是一致的，其中 GW-58#～GW-62# 共计 5 台机位尾流轨迹辨识度高，可作为研究样本。

（1）尾流结构。从雷达测量成果可以看出，尾流区可划分为核心区和外围区（图 4-21），其中核心区自风电机组风轮起，沿风向向风轮后延伸并逐渐减弱，区域宽度随与风

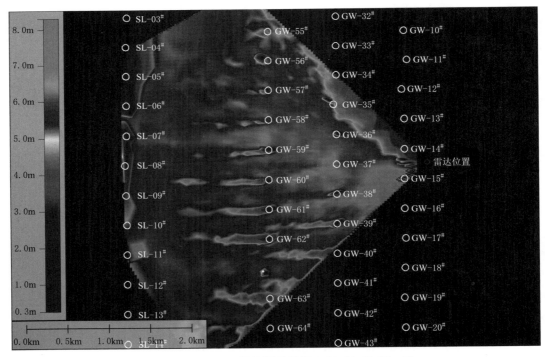

图 4-18 Scan_1 尾流测量云图 2016.10.12 22：00

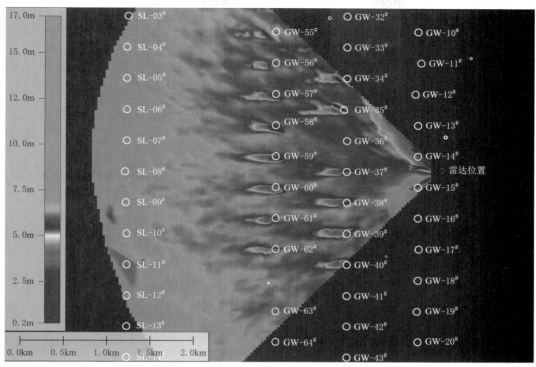

图 4-19 Scan_2尾流测量云图 2016.10.12 22：00

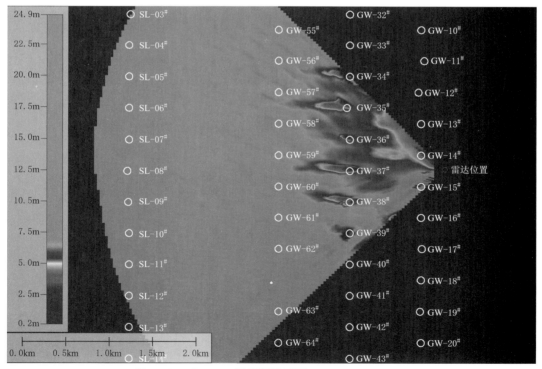

图 4-20 Scan_3尾流测量云图 2016.10.12 22：00

电机组距离增加略有扩大，但总体变化较小；外围区紧邻核心区，区域宽度随与风电机组距离增加呈线性扩张，与 Park 尾流模型假定条件一致。

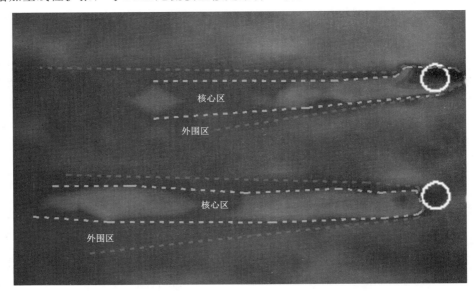

图 4-21　尾流结构细部图

（2）尾流衰减系数。经对尾迹边界清晰稳定的 GW-58#～GW-61# 风电机组尾迹进行测量，各风电机组尾流扩散角度为 7.5°～9.6°，计算得到尾流衰减系数 k 值范围为 0.065～0.084，平均为 0.076，与 WAsP 软件 k 值默认取值 0.075 基本一致。

（3）尾流传播距离。干河口四风电场第三排与第四排风电机组之间的距离约为 1.7km，经对实测尾流数据的分析及对云图上尾迹清晰的 GW-58#～GW-62# 风电机组尾迹进行测量，结果表明尾流核心区长度均不超过 1.3km，同时根据 Park 尾流模型对尾流进行了理论推算并与实测结果进行了比较，结果见图 4-22 和表 4-8。

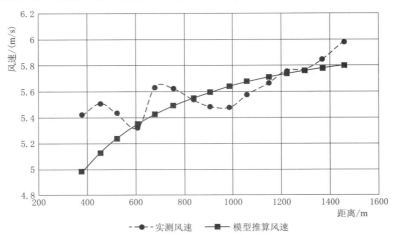

图 4-22　GW-58# 风电机组尾流随距离变化图

表 4-8 东风低风速段尾流测量结果表

风电机组编号	上风向风速/(m/s)	下风向风速/(m/s)	距离/m	Park尾流模型理论计算风速/(m/s)	相对误差/%
GW-58#	6.0	5.8	1300	5.75	0.9
GW-59#	6.1	5.7	1310	5.87	-3.0
GW-60#	6.1	5.5	1255	5.76	-4.7
GW-61#	6.1	5.5	1170	5.79	-5.3
GW-62#	5.9	5.3	1027	5.54	-4.5

从图表可以看出，Park尾流模型模拟的尾流恢复与真实情况基本一致，初步测量成果显示模型对近端尾流存在高估，对远端尾流存在低估，具体情况需下阶段提高观测分辨率予以复核。各机位尾流拟合结果中，GW-58# 风电机组模拟最准确，相对误差仅0.9%，其他各机位误差为-3.0%～-5.3%，从图4-20可以看出，第二排GW-35# 风电机组尾流尾迹偏北，GW-36# 风电机组处于停机状态，因此GW-58# 风电机组受上风向尾流影响小于南侧风电机组，这可能是GW-58# 风电机组模型拟合精度较高的主要原因。

2. 东东北风低风速段尾流特征分析

以 2016.10.13 0：00 时段开展风电机组东东北风低风速段的尾流特征分析，该时段风电场入流风速为 7.2m/s（由 WINDCUBE V2 测量获得），比所收集数据时段内风电场的平均风速略高。WINDCUBE 200s 实测各高度角云图如图 4-23～图 4-25 所示，图中颜色越深表示尾流影响越大。

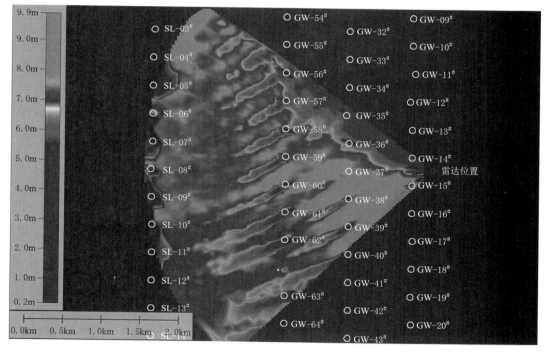

图 4-23 Scan_1 尾流测量云图 2016.10.13 0：00

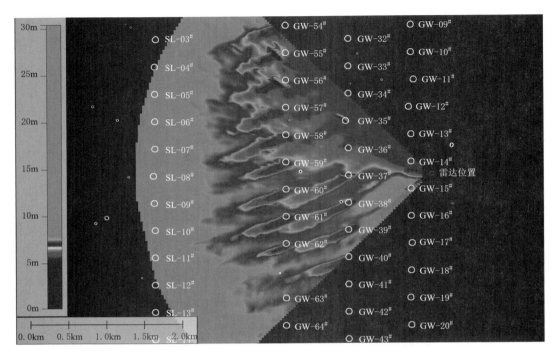

图 4 - 24　Scan _ 2 尾流测量云图 2016.10.13 0：00

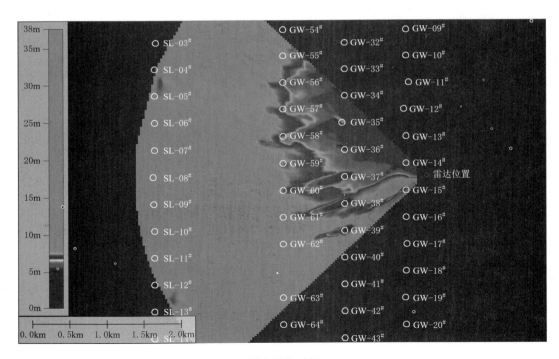

图 4 - 25　Scan _ 3 尾流测量云图 2016.10.13 0：00

从图中可以看出,东东北风向下不同排间风电机组尾流干扰有所增强,尾流沿中心线法线方向的摆动比较明显,仍可清晰地观测到尾流的核心区和外围区,但风电机组尾流随传播距离增加的线性扩散现象并不明显,尾流扩散幅度收窄,可清楚地观测到相邻风电机组尾流区中部存在连续的高风速区。对尾迹较为清晰、变化规律较为一致的 GW-57# ~ GW-59# 风电机组尾流进行测量,并与 Park 尾流模型理论计算结果进行比较,结果见表 4-9。

表 4-9 东东北风低风速段尾流测量结果表

风电机组编号	上风向风速 /(m/s)	下风向风速 /(m/s)	距离 /m	Park 尾流模型理论计算风速/(m/s)	相对误差 /%
GW-57#	7.4	7.1	1338	6.75	4.9
GW-58#	7.4	7.1	1164	6.78	4.5
GW-59#	7.4	7.2	1132	7.13	1.0

从表 4-8 可以看出,Park 尾流模型模拟的尾流恢复与真实情况基本一致,其中 GW-59# 风电机组模拟最准确,相对误差仅 1.0%,其他两台风电机组误差为 4.9% 和 4.5%,与东风低风速段尾流模拟误差相当。从图 4-23 可以看出,GW-59# 风电机组尾流尾迹与 Park 尾流模型假定情况基本一致,在风电机组下风向呈线性扩张,因此模拟误差较小;GW-57# 和 GW-58# 风电机组尾流尾迹基本观察不到明显的扩散现象,近端与远端的尾流宽度相当,个别风电机组尾流末端有宽度收窄的现象。

4.5.3.3 高风速段尾流特征分析

由于现场测试期间未出现东风风向下高风速段风电机组正常运行的样例,因此高风速段尾流影响只针对东东北风向展开分析。

以 2016.10.13 7:00 时段开展风电机组东东北风高风速段的尾流特征分析,该时段风电场入流风速为 10.4m/s(由 WINDCUBE V2 测量获得)。WINDCUBE 200s 实测各高度角云图如图 4-26~图 4-28 所示,图中颜色越深表示尾流影响越大。

从图中可以看出,高风速下风电机组尾流传播距离明显增大,相邻风电机组尾流区中部有连续的高风速区,尾流末端扩散幅度收窄直至消失。通过对尾迹较为清晰的 GW-57#~GW-60# 风电机组尾流进行测量,并与 Park 尾流模型理论计算结果进行比较,结果见表 4-10。

从表 4-10 可以看出,Park 尾流模型模拟的尾流恢复与真实情况基本一致,各风电机组尾流模拟误差为 0.6%~3.2%,比低风速段尾流模拟误差略小。但图 4-25 可以看出各风电机组尾流尾迹在高风速段扩散均不明显,近端与远端的尾流宽度相当,与 Park 尾流模型假定有一定区别。

4.5.3.4 小结

从以上分析可以看出,风电机组尾流区可分为核心区和外围区,核心区沿尾流中心线向下风向发展,宽度较为稳定,风速逐渐恢复;外围区位于核心区周边,比核心区略宽,其形状特征与风电机组排布及风向有一定相关,以干河口区域为例,当风向为东风时外围区呈线性向中心线法线方向扩散,当风向为东东北风时外围区宽度变化较小且在末端逐渐

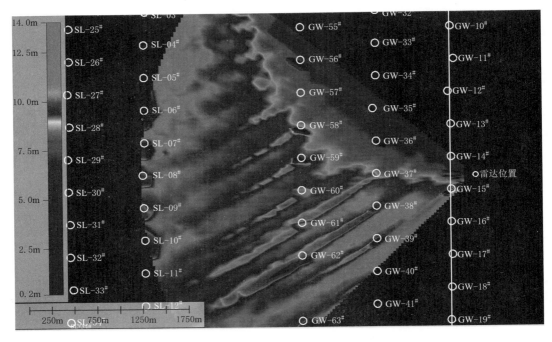

图 4 - 26　Scan_1 尾流测量云图 2016.10.13 7：00

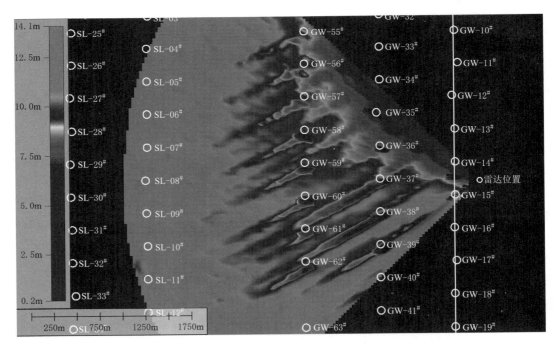

图 4 - 27　Scan_2 尾流测量云图 2016.10.13 7：00

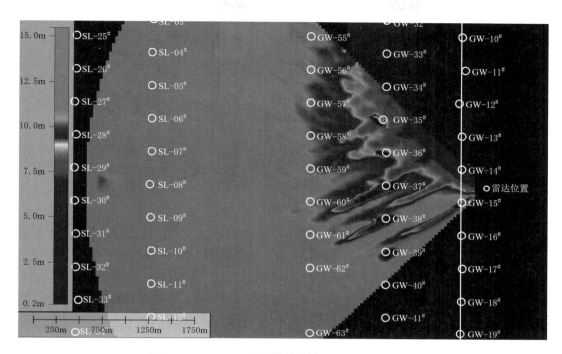

图 4-28　Scan_3 尾流测量云图 2016.10.13 7：00

表 4-10　　　　　　　　　　东东北风高风速段尾流测量结果表

风电机组编号	上风向风速 /（m/s）	下风向风速 /（m/s）	距离 /m	Park 尾流模型理论 计算风速/（m/s）	相对误差 /%
GW-57#	10.2	10.0	1565	9.90	1.0
GW-58#	10.2	10.1	1524	9.85	2.5
GW-59#	10.2	9.7	1373	9.64	0.6
GW-60#	10.2	9.8	1373	9.49	3.2

收窄消失。尾流的传播距离与风速有关，风速越大，尾流传播距离越长，低风速情况下 1.1～1.3km 风速内可恢复至接近入流风速（减小约 0.3m/s），高风速情况下约 1.5km 可基本恢复至入流风速。

4.6　本章小结

　　甘肃酒泉风电基地是首个统一规划设计、统一核准、统一开发建设的集中式风电基地，其研究成果对国内乃至世界风电的集中式开发均具有重要的示范意义。

　　本章选择酒泉风电基地一期的干河口区域 8 座风电场作为研究对象，采用 3D 扫描式激光雷达 WINDCUBE 200s 用于尾流测量。主要研究结论如下：

　　（1）酒泉区域是我国风资源最为丰富的地区之一，区域地形平坦、主导风向较为单一，风电基地布置方式采用基地规划时期（2007—2008 年）平坦地区风电场典型布置方式（基本按行、列均匀排布），具备开展风电基地尾流影响研究工作的典型技术条件和优势。

（2）根据区域内各测风塔实际观测成果、各风电场实际发电水平，干河口区域各风电场均采用"3+3"布置模式，定义3排风电机组为1个风电机组布置单元，每单元两侧均有1.3～1.8km不等的风速恢复区，初步确定风电基地全风向风速每单元风速降低约为0.12m/s，主导风向上每单元风速降低约为0.17m/s。

（3）基于激光雷达实际观测成果，风电机组尾流区可划分为核心区和外围区，尾流损失随传播距离增加逐渐减小，其中核心区宽度随距离变化较小，外围区宽度变化较为复杂。尾流的传播距离与风速有关，风速越大，尾流传播距离越长，低风速情况下1.1～1.3km内风速可恢复至接近入流风速（减小约0.3m/s）；高风速情况下约1.5km可基本恢复至入流风速。

第 5 章
风电基地综合出力
特性

　　风的大小主要受气候、环境及自然因素的影响，这就使得风资源具有随机性、波动性等显著特点，导致风电机组的输出功率易产生波动，且波动频率无规律，因此风电场出力也具有波动性、随机性和不确定性的特征。本章对风电出力特性以及有关指标和影响因素进行研究，采用CFD方法计算单个风电场的出力过程，以哈密风电基地为例分析研究风的流动特征、风电基地综合出力计算过程，最后在青海省共和风电基地对以上研究计算方法进行应用实践。

5.1 风电出力特性研究

5.1.1 风电出力特征

5.1.1.1 风电出力的波动性

风电输出功率没有规律，波动范围较大，风速极端不稳时，输出功率的相对值在一天之内也可能出现 0～100% 的波动。根据某风电场一个完整年出力实测数据分析，该风电场日平均、周平均、月平均、季平均出力的年度分布情况如图 5-1 所示，以说明风电出力的波动性。

可以看出，日平均出力波动最大，且没有规律，杂乱无序。周平均出力的波动性也较大，无规律可循。月平均出力和季平均出力波动范围相对较小。

5.1.1.2 风电出力的随机性

风电输出功率具有显著的随机性，主要表现为：即使相邻几日的日平均出力相近甚至

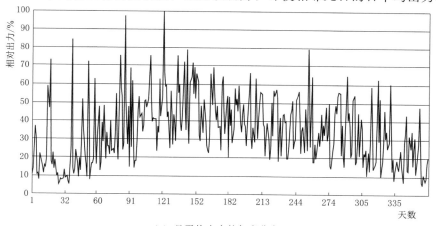

（a）日平均出力的年度分布

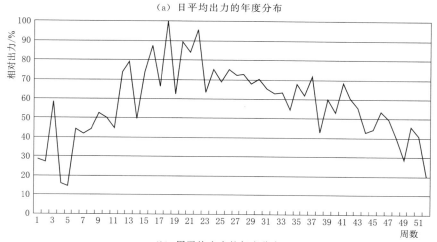

（b）周平均出力的年度分布

图 5-1（一） 风电出力的波动性

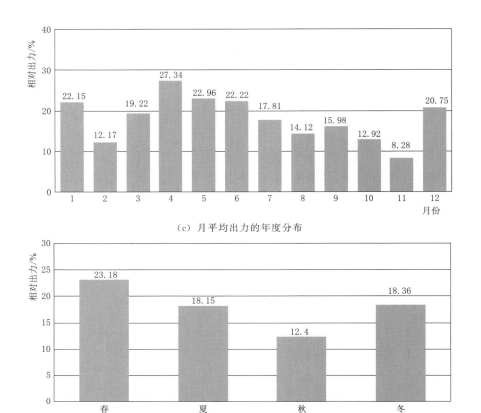

（c）月平均出力的年度分布

（d）季平均出力的年度分布

图 5-1（二）   风电出力的波动性

相同，这几日所对应的各个时间段的出力也存在很大差异。即虽然这两组相邻日的日平均出力相近，但其出力曲线差异却很大。

5.1.1.3   风电出力的不确定性

单一风电场的出力值具有如下特点：一段时间内持续大出力（日平均出力相对值较大，达到甚至超过80%），或者一段时间内持续小出力（日平均出力相对值偏小，低于10%）。

5.1.2   风电出力特征性指标

风电出力特征性指标通常是结合电网特性、电力系统中长期规划以及运行调度的要求，基于统计学方法而提出的。通过这些指标来反映风电出力大小、波动性、相关性与互补性、可靠性等特征。可用同时率、爬坡率、峰谷差、相关性与互补性、概率分布、出力特性曲线与出力连续性特征分析保证容量、有效出力等表征风电出力特性。

5.1.2.1   同时率

风电场的分布具有分散性的特点。一方面，一个地区可以有多个风电场，风电场的分布很分散；另一方面，由于单台风电机组的容量较小，一个风电场经常有几十台甚至几百台风电机组，风电场内部风电机组的分布也是相当分散的。因此，整体并入电网的风电场就存在一个同时率的问题。

风电出力同时率表征风电出力与风电装机容量的关系，反映了风电的自然出力特性，同时也从侧面反映了该地区的风资源情况，其值的大小与波动程度主要受地区风资源、风电装机容量的影响。

风电出力同时率，又称风电基地效应系数，定义为采样时间内风电基地最大可能出力与同一采样时间内风电基地装机容量之比，即

$$\theta = \frac{\max P_{\sum}}{\sum P_i} \qquad (5-1)$$

式中　θ——风电出力同时率；

　　$P_{\sum}$——待分析风电基地总出力；

　　P_i——风电基地中各子风电场装机（并网）容量。

同时率表征多个风电场的综合容量利用率，反映了风电基地的最大可能出力，多应用于长时间尺度下风电空间相关性分析、电网规划中电力平衡以及电源接入系统研究等方面。研究风电场内部及风电场之间的出力同时率，对确定并入电网风电出力的整体性以及合理配置调峰资源、保障电网的安全稳定运行起到支撑作用。

风电相对出力、容量因子与风电出力同时率概念接近，也在一定程度上反映了风电出力特征。

风电相对出力指各风电场总的出力与同一时刻风电基地总装机容量的比值，即

$$\mu(t) = \frac{P_S(t)}{P_G(t)} \qquad (5-2)$$

式中　$\mu(t)$——风电相对出力，取值范围为0～1；

　　$P_S(t)$——风电实际出力；

　　$P_G(t)$——风电装机容量。

容量因子指风电场年平均出力占风电场装机容量的比例，计算公式为

$$f = \frac{E_{TA}}{TP_R} \qquad (5-3)$$

式中　f——风电场容量因子；

　　T——时间长度；

　　P_R——风电机组额定输出功率；

　　E_{TA}——T时间段内风电机组实际发电量。

5.1.2.2　爬坡率

风电出力爬坡率指单位时间段的功率变化率，即

$$\beta(t+k) = \frac{|P(t+k)-P(t)|}{P(t)} \qquad (5-4)$$

式中　$P(t)$——t时刻的风电出力；

　　$P(t+k)$——$t+k$时刻的风电出力；

　　$\beta(t+k)$——$t+k$时刻的爬坡率。

风电接入电网受限在很大程度上是因为风电出力剧烈波动的影响，爬坡率指标常在工程实际与学术研究中用于描述风电的波动程度。同时，风电出力爬坡率也是衡量风电上网可信度水平及风电设备入网利用率的指标。风电出力爬坡率越小，表示风电出力越稳定，对系统的影响越小；反之，风电出力爬坡率越大，则表示风电出力波动越大，其接入电网对电网的冲击越大。

5.1.2.3   峰谷差

峰谷差指在一定的时间间隔内，采样点数据最大值与最小值的差值，即

$$\lambda(i,j) = P_{max} - P_{min} \tag{5-5}$$

式中 i，j——采样区间；

P_{max}，P_{min}——采样区间内风电出力的最大值与最小值，当采样区间为一天时，即为日峰谷差，反映的是风电场一天中出力的波动变化幅度。

5.1.2.4   相关性与互补性

有关研究表明，大规模风电基地各风电场出力在长时间尺度下呈现出明显的相关性，在短时间尺度下呈现出明显的互补性出力特性。通常，风电机组、风电场以及风电基地分别能够在秒级、分钟级和小时级时间尺度内降低风电出力变化率，但是持续数小时的大面积来风（或去风）容易导致风电基地的总出力大幅增加（或减小）。

1. 出力相关性

不同风电场之间的出力相关性是反映风电场之间风电出力变化趋势一致性的重要因素，也是进行风区划分的重要依据之一。

同一区域多个风电场间的地理位置往往是分散的，这样降低了风电场间输出功率的相关性，而提高了输出功率的互补性，但是这种特性只有在小时级时间尺度下才能显著。此外，同一区域内也有些地理位置相对集中的风电场，当有长时间持续强风时，这些风电场的出力的总体变化趋势就会变得一致，这样又反映出很强的相关性，而这种相关性通常体现为整个区域风电场总体出力呈现较强的波动性。

一般情况下，在两个距离较近的风电场之间会出现较为一致的变化趋势，也就意味着相关性相对较强，反之则认为其相关性较差。对风电基地内不同位置的风电场出力进行比较和分析发现，不同地区之间的风电出力变化形状具有较大的相似性，这也意味着其相互之间有着较强的相关性。

2. 出力互补性

风电基地由多个风电场组成，由于地理位置跨距大，各风电场出力特性受地理分散效应的影响呈现互补性，因而风电基地出力曲线更为平滑。当有来风时，由于风电场间地理跨距较大，风峰和风谷到达的时间不同，因而在同一时刻，风电基地中有的风电场处于风峰时刻，出力较大，而有的风电场则处于风谷时刻，出力较小，这样就在总体上形成了互补效应，削弱了自然风波动性对风电基地出力的影响，从而风电基地的出力曲线相对风电场的出力曲线更为平滑。

尤其在短时间尺度内，同一区域各个风电场的输出功率往往表现出互补性，这种特性降低了该区域风电场总体输出功率的波动性。由于地理分布相对分散，多个风电场在短时间内收到不同方向、不同大小的风，此时这些风电场的出力就有所差异。这种差异

性通常表现为延时效应，这样也就降低了该区域风电场总体输出功率的变化率。此外，风速的随机性特点强化了风电场内部风电机组的互补性，有利于降低风电场的出力变化率。

5.1.2.5　概率分布

由于风资源的随机性，风力发电不同于常规电源，不能长时期保持在额定功率附近运行。因此，风电出力更适合用概率分布来表征其大小及变化范围，进而便于评估整个风电场的出力水平。

根据风电场出力的统计数据，对采样时段的风电场出力进行离散化，统计风电场不同出力区间发生的频率，即可得到风电场出力的概率分布。

5.1.2.6　出力特性曲线与出力连续性特征分析

1. 出力特性曲线

对全年出力过程（时段为小时或分钟级）进行分析，并将其进行由小到大的排列，就可以得到一条风电出力保证率曲线。同时，根据出力和出力保证率还可得到累计电量曲线。根据出力—出力保证率和出力—累计电量两条曲线可以反映不同保证率下的出力大小，以及一定出力下的累计电量大小，可据此在适当弃风的情况下，提高风电有效并网容量。

2. 出力连续性特征分析

风电出力很难长时间保持稳定的水平，因此引入连续出力发电小时数来分别评估风力发电的连续性、间歇性。其中，风电出力连续大于某一出力水平的可持续程度，表征风电出力的连续性；风电出力连续小于某一出力水平的可持续程度，表征风电出力的间歇性。例如可以统计对应出力 100 万 kW 的"连续出力 1h 以上的小时数"或 200 万 kW 的"连续出力 5h 以上的小时数"，这通常可根据实际系统中风电装机容量及负荷特性来确定。

5.1.2.7　保证容量和有效出力

保证容量和有效出力是风电基地出力特性的两个重要参数。保证容量传达的是可向系统提供的可靠容量信息，根据负荷高峰时段对应某一保证率的出力数值确定。有效出力可用于测算系统需要配置的调峰容量，根据负荷低谷时段对应某一保证率的出力数值确定。某风电基地平均出力保证率曲线基础上的两参数确定示意图如图 5-2 所示。

一般保证容量对应保证率范围可为 85%～95%，当风电基地容量相对电网比重较大时，为适应比重大影响大的状况，可取 95%（相应较低的保证容量）；反之可取较低值。

一般有效出力对应保证率范围可为 5%～15%，当风电基地容量相对电网比重较大、系统可提供的调峰容量受限时，可取较高保证率对应数值；反之可取较低保证率对应值。

事实上，保证容量和有效出力关联因素较多，实际工作中应综合考虑，针对特定情况具体分析研究确定。

5.1.3　风电出力影响因素分析

根据风的形成过程可知，风电场的地理位置、当地的气候条件，以及风电场周围的地形地貌情况，基本决定了该风电场的风速大小和风向分布。除了风速之外，影响风电场出力的主要因素还有风电机组性能、空气密度、气象环境（雨、雪、雷暴等）、叶片污染、湍流强度及风切变效应、场用电和线损、电网频率波动及限电等。

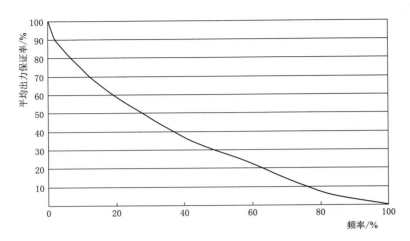

图 5-2 某风电基地平均出力保证率曲线基础上的两参数确定示意图

（1）风电机组性能。风电机组类型、运行期间的偏航误差、运行控制策略以及机组故障等均对风电出力影响较大。此外，随着风电机组运行时间的不断增长，其性能也会出现损耗。

（2）空气密度影响。一年之内任意固定位置的空气密度会发生明显变化，而空气密度与风电出力成正比关系，相同的风速在不同的空气密度下出力差异也较大。

（3）气象环境。风电机组在遭受高温、低温、降雨、冰雪、雷暴等天气影响时，均有可能出现出力减小的情况。如叶片覆冰，会使得气流绕叶片的流动状态发生改变，使翼型空气动力特性发生变化，从而使风电机组出力减小。

（4）叶片污染。当风电机组上的风轮叶片因沙尘、昆虫、漏油、盐雾等原因被污染，或是由于风蚀、沙蚀而出现磨损老化时，均会改变风轮叶片表面的粗糙度，使翼型空气动力学特性发生变化，减小功率输出。

（5）湍流强度及风切变效应。湍流强度是指 10min 内风速随机变化幅度大小，体现了风速迅速变化扰动的强弱，湍流强度大小对风电场出力有明显影响。此外，风切变的变化对出力也会有较大影响，即使轮毂高度处的平均风速相同，但由于风切变指数的差异，整个风轮扫风面上捕获的能量不同，则出力也不同。

（6）场用电和线损。风电场场用电损耗，集电线路、主变压器、箱式变压器的电能损耗等，会降低风电场出力。

（7）电网频率波动及限电。考虑电网频率波动，在确保电网安全稳定运行的前提下，将对风电出力做出人为限制，从而影响风电场出力。

（8）其他因素。主要包括：①集电线路与变电站发生故障，电网维护检修时造成出力影响；②因噪声环境影响或是尾流效应控制等所采用的扇区管理控制策略造成出力影响；

③风电场运行过程中出现的其他不确定性情况。

5.2　风电场出力特性的 CFD 计算方法

5.2.1　单个风电场出力计算

5.2.1.1　研究对象选择

本章以哈密风电基地为例进行风电出力特性研究。在本书的编制过程中，收集到哈密风电基地 10 个风电场的运行数据，对该 10 个风电场从场址范围、数据时段、数据质量、场区内风功率预测塔数据质量等方面进行分析评判，确定选用三塘湖—D 风电场作为研究对象，分析单个风电场出力过程。三塘湖—D 风电场场址范围形状规则，风电机组运行数据和场内风功率预测塔数据质量相对较好，且风电场自 2016 年 4 月并网发电，为三塘湖区域最早并网发电的风电场之一。

5.2.1.2　计算时段选择

三塘湖—D 风电场设计安装 80 台 WTG1 厂家 121 - 2.5MW - 90m 风电机组。通过对三塘湖—D 风电场内 1007# 风功率预测塔数据进行分析，发现尽管 1007# 风功率预测塔具有完整一年以上测风数据，但连续不缺测时段较少，从中挑选出两个连续时段作为出力计算时段，分别为 2016.05.02 0：00—2016.05.14 23：59（连续 13 天）和 2016.07.05 0：00—2016.07.25 23：59（连续 21 天）。

5.2.1.3　计算过程

利用 WT6.5 软件，分别采用 1007# 风功率预测塔不同时间尺度（10min 和 1min）不同时段的实测数据、风电机组布置方案、风电机组厂家提供的风电场当地空气密度（1.085kg/m³）下的动态功率曲线和推力系数曲线，计算得到风电场理论出力过程和尾流影响后的出力过程。

5.2.1.4　计算结果分析

三塘湖—D 风电场尾流影响后出力过程与实际出力过程的对比分析如图 5 - 3～图 5 - 12 所示，由图中可以发现如下规律：

（1）风电场存在限功率运行的情况，尤其是在大风时段计算的出力往往达到满发，但实际却存在明显的限功率情况。

（2）在限电较少时段，10min 尺度计算出力与实际出力变化趋势较为相近，但总体上看，计算出力明显比实际出力偏高，且实际出力波动性明显比计算出力波动性小。

（3）1min 尺度计算出力与实际出力过程差异较大，这与 WT 软件的局限性有关，也与风电机组运行控制有关。由图中可以看出，1min 尺度计算出力过程波动性异常大，因为软件是根据风速过程推算得到出力过程，而风速的明显波动会直接造成软件推算得到的出力过程剧烈波动。而实际中一方面风速具有传递性特征，软件难以模拟其流动传递过程；另一方面要保证电网的安全稳定运行，实际出力会被控制系统做出平滑过渡控制，使出力波动性减小。综合考虑，推荐在计算风电场出力过程时采用 10min 时间尺度数据。

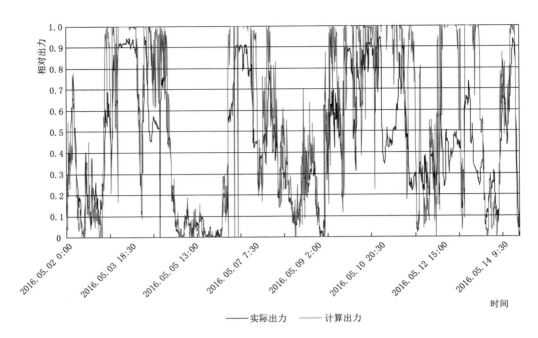

图 5-3 风电场相对出力计算结果与实际结果对比分析图（10min）

（2016.05.02 0：00—2016.05.14 23：50）

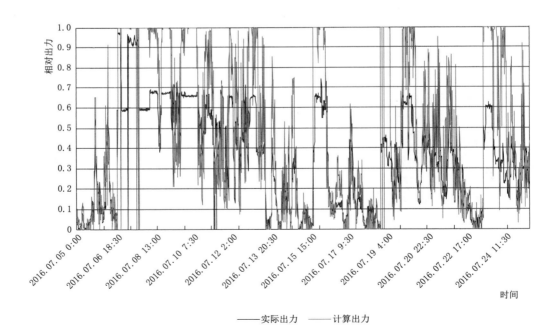

图 5-4 风电场相对出力计算结果与实际结果对比分析图（10min）

（2016.07.05 0：00—2016.07.25 23：50）

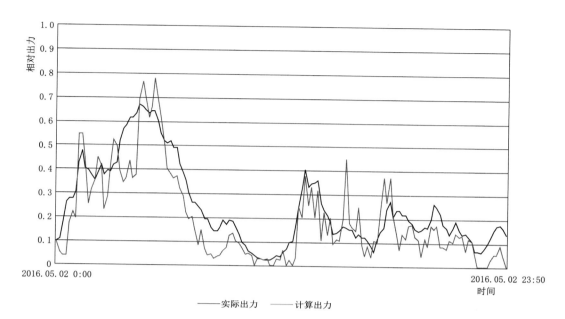

图 5-5　少量限电情况下风电场实际出力与计算出力对比过程（10min）

（2016.05.02 0：00—2016.05.02 23：50）

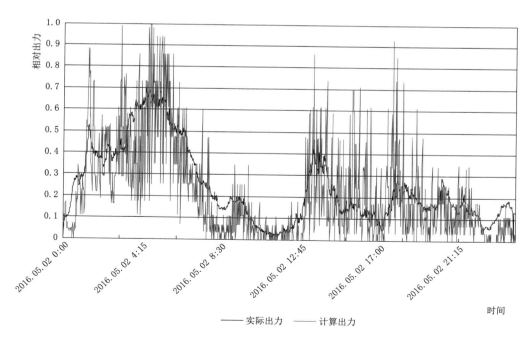

图 5-6　少量限电情况下风电场实际出力与计算出力对比过程（1min）

（2016.05.02 0：00—2016.05.02 23：59）

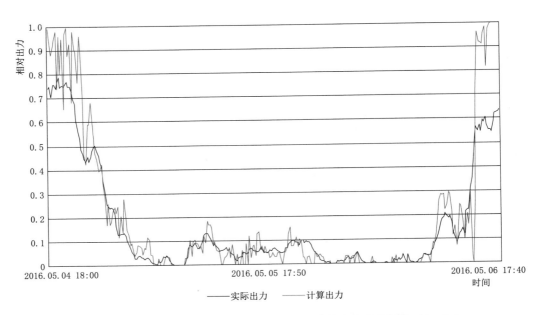

图 5-7　少量限电情况下风电场实际出力与计算出力对比过程（10min）

（2016.05.04 18：00—2016.05.06 18：00）

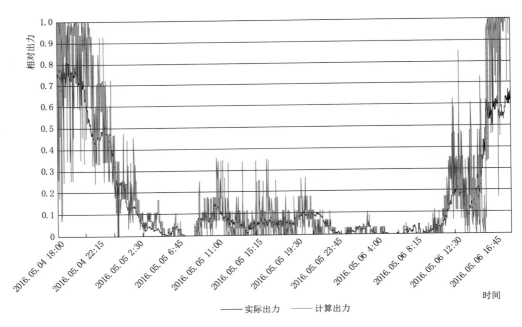

图 5-8　少量限电情况下风电场实际出力与计算出力对比过程（1min）

（2016.05.04 18：00—2016.05.06 18：00）

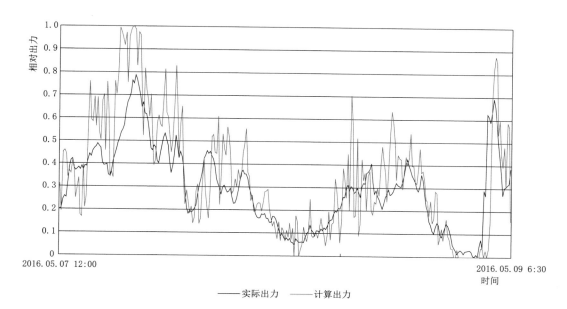

图 5-9　少量限电情况下风电场实际出力与计算出力对比过程（10min）

（2016.05.07 12：00—2016.05.09 12：00）

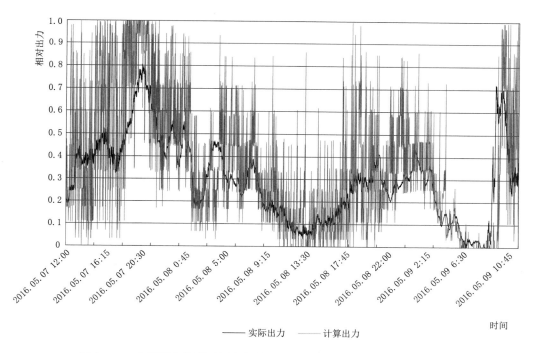

图 5-10　少量限电情况下风电场实际出力与计算出力对比过程（1min）

（2016.05.07 12：00—2016.05.09 12：00）

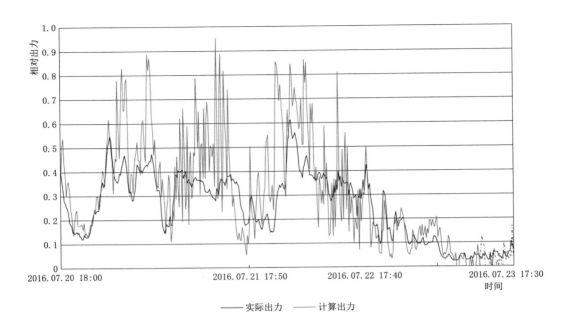

图 5-11 少量限电情况下风电场实际出力与计算出力对比过程（10min）
(2016.07.20 18：00—2016.07.23 18：00)

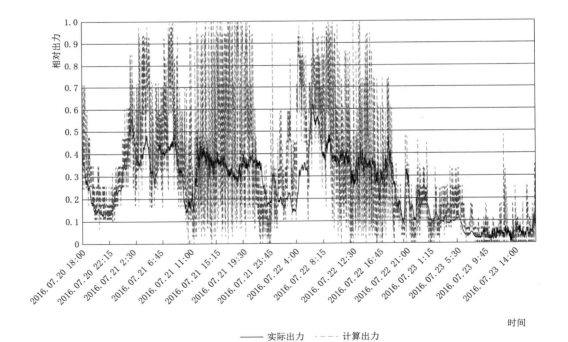

图 5-12 少量限电情况下风电场实际出力与计算出力对比过程（1min）
(2016.07.20 18：00—2016.07.23 18：00)

5.2.1.5　基于不同风速段和风速爬坡率的出力修正方法

为了较为准确地得到风电场出力过程，充分考虑风电出力的影响因素，需要对计算得到的尾流影响后的出力过程进行修正计算。

在讨论风电出力计算修正方法之前，先解释下风速爬坡率的概念，风速爬坡率与出力爬坡率概念类似，用来反映风速变化波动性特征。风速爬坡率指单位时间段的风速变化率，即

$$\mu(t+k) = \frac{|V(t+k) - V(t)|}{V(t)} \qquad (5-6)$$

式中　　$V(t)$ ——t 时刻的风电出力；

　　$V(t+k)$ ——$t+k$ 时刻的风电出力；

　　$\mu(t+k)$ ——$t+k$ 时刻的爬坡率。

在实际工程中，进行风电场年上网电量估算时，往往是要考虑尾流损失、风电机组可利用率、功率曲线保证率、风电机组控制与湍流影响、气象环境影响、叶片污蚀影响、场用电及线损、电网频率波动及限电等影响因素，通过对理论发电量进行综合折减得到风电场年上网电量。同时，为了保证风电场年上网电量能代表风电场 20 年运行期的平均水平，在计算发电量时要采用测风塔代表年的测风数据。

基于上述思想，结合风电场实际运行出力过程情况，在总结影响风电场出力的各种因素基础上，提出采用 CFD 软件计算出力的修正方法。

分析以下影响因素对风电机组出力的影响大小：

（1）软件计算误差修正。这里所说的软件计算误差主要是指理论模型计算成果与实际真实发生情况的误差，由于流体运动，特别是大气运动过程是一个十分复杂的变化过程，目前，用流体力学的方法和数学模型只能尽可能接近地模拟流体运动情况，不可能得到与真实情况一致的模拟结果。而且，有限的测风塔数量对风电场区域的整体代表性也往往不够。因此，这种软件模拟计算误差很难消除，有可能高估、也有可能低估风电场不同位置的风速大小。但根据相关后评估研究工作，可定性地确定，采用的 WT6.5 软件会低估尾流后的平均风速。综合考虑，对于风电场出力过程的软件计算误差暂不考虑，但被低估的尾流影响的事实可在尾流影响修正项中考虑。

（2）尾流影响修正。在软件计算误差影响中已经提到了目前所采用的 CFD 软件对尾流影响存在低估的情况，这样计算的风电场出力过程就会偏高。根据风电机组达到满发时的风速（V_m）情况，以及尾流研究的相关结论，当风速超过满发时风速 2m/s 以上时，风电场全场尾流影响后的风速仍然可以使风电机组达到满发状态。因此，尾流影响修正主要考虑对 $V_m + 2$ 以下的风速进行尾流影响折减修正，此时可考虑全场的一个平均尾流损失折减水平。根据相关工程经验，采用 WT6.5 软件计算得到的风电场全场平均尾流损失比真实情况可能偏小 3%～10%。

（3）功率曲线影响修正。目前，计算风电场出力的功率曲线采用的均是厂家提供的风电场当地空气密度下的动态功率曲线，甚至部分厂家可以提供样机测试的功率曲线，这些功率曲线具有一定的可靠性。但功率曲线与风电场气温、气压、湿度等因素有关，可按不同月份计算空气密度，并对出力进行修正。根据相关工程经验，功率曲线修正折减可按

3%～10%考虑。

（4）风电出力预测及运行控制修正。风速、风向等的变化，以及风电机组调整出力的响应速度、风电机组偏航系统的调节快慢，均会对出力造成一定影响。随着智能化风电机组技术的不断进步，该项影响可减小至 2%。

（5）风电机组故障检修影响修正。风电机组在运行的过程中均会在不同时间出现各种故障问题，在出现故障时往往会降功率运行或停机检修，造成出力损失。而且随着风电场运行时间的加长，故障率会越来越高。风电机组故障率应考虑整个风电场 20 年运行周期的平均故障率。风电机组故障检修时间与风电机组类型和风电机组厂家有关，考虑 20 年平均水平，该影响可按 3%～10%考虑。

（6）启停机影响修正。风电机组在启停时均会有一定的响应时间，一般为 5min 左右。在风电机组启动前，虽然实测风速已经达到了切入风速，但风电机组响应过程会损失一部分出力。在风电机组停机时，也是逐渐关停，不会是在达到切出风速时立即出现像软件模拟计算的所有风电机组同时出力为 0 的情况。

（7）气象环境影响修正。气象环境影响主要表现在极端天气情况时，如冰雪天气、雷暴天气、高温、低温、降雨等，气象环境影响由于发生的时间比较随机，考虑暂不进行该项修正，但若明显确定存在如冬季冰雪等影响严重的情况，可考虑该修正项。

（8）电网频率波动及限电修正。为了保证电网安全稳定运行，风电场出力会存在爬坡率限制，使风电场输出功率平滑过渡。对于风电场风速的突变，软件计算往往也随之急剧变化，但风电场实际控制会缓慢平滑过渡，不会出现大波动。对于风速突然增高的情况，往往会限出力；对于风速突然降低的情况，由于风电机组转动惯性以及风电场整体效应，出力并不会下降太多。

（9）场用电、线损影响修正。风电机组出力需经过箱变、集电线路输送到升压站，再由升压站接入到电网，这一过程会产生一定的线损和场用电，根据测算，该项修正可按 3%考虑。

综合以上分析，对于（2）、（3）、（5）、（9）四项修正，可根据软件计算的尾流影响后出力过程统一进行折减；对于修正项（6），可根据不同风速段进行修正折减；对于（4）和（8）两项修正，可根据风速爬坡率来进行修正。

综上所述，基于风速段和风速变化率的出力过程修正系数取值见表 5-1。

表 5-1　　　　　　　　　　出力过程修正系数取值表

序号	影响因素	时间间隔 10min	时间间隔 1h	备注
1	软件计算误差修正	—	—	
2	尾流影响修正	5%	5%	根据风电场容量大小和风电机组布置情况确定
3	功率曲线影响修正	3%	3%	
4	风电出力预测及运行控制修正	2%	2%	风速预测误差、风向转变的情况下（偏航）
5	风电机组故障检修影响修正	5%	5%	

续表

序号	影响因素	时间间隔 10min	时间间隔 1h	备 注
6	启停机影响修正	分风速段	分风速段	
7	气象环境影响修正	—	—	比较随机，时间不定，在功率曲线修正中考虑（后续可基于气温、气压修正）
8	电网频率波动及限电修正	按爬坡率	按爬坡率	基于风速爬坡率修正法
9	场用电、线损影响修正	3%	3%	

采用上述修正方法修正后的出力过程与实际出力过程对比如图 5-13~图 5-15 所示，由图中可以看出，修正后的出力过程更接近实际情况。

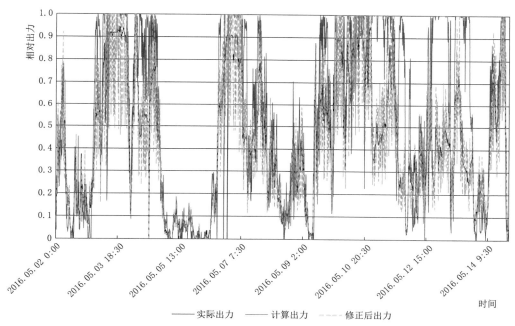

图 5-13   风电场相对出力计算结果与实际结果对比分析图（10min）

（2016.05.02 0：00—2016.05.14 23：50）

5.2.2 CFD 软件计算出力过程方法验证

5.2.2.1 基本资料

本小节利用靖边某风电场相关资料对 CFD 出力计算方法进行验证。该风电场设计安装 25 台 WTG4 厂家 93-2.0 型风电机组，装机容量为 50MW。风电场周边分布有另外 3 个风电场。该风电场风电机组排布示意图如图 5-16 所示。该风电场建成后，为了开展相关研究工作，在风电场南部 LZX14# 机位南北两侧分别设立了 1 座测风塔，测风塔编号分别为 0449# 和 0472#，两座测风塔与 LZX14# 机位分别相距约 130m 和 200m。测风塔与 LZX14# 机位位置关系示意图如图 5-17 所示。

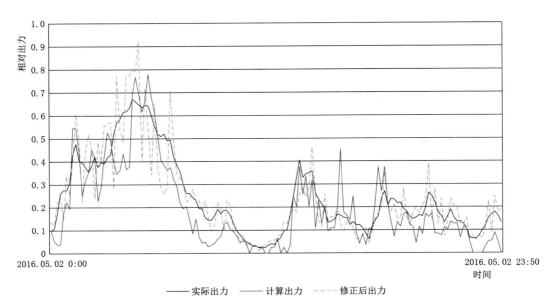

图 5 - 14   风电场相对出力计算结果与实际结果对比分析图 （10min）

（2016.05.02 0：00—2016.05.02 24：00）

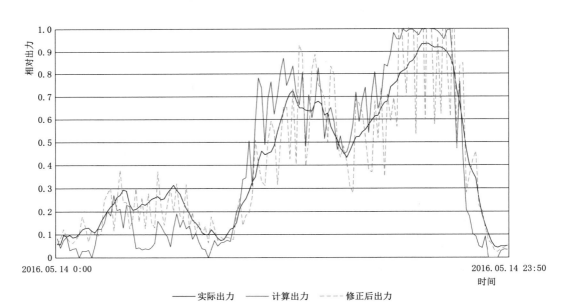

图 5 - 15   风电场相对出力计算结果与实际结果对比分析图 （10min）

（2016.05.14 0：00—2016.05.14 24：00）

收集到该风电场完整一年 （2015.09.01—2016.08.31） 运行数据及 0449[#]、0472[#] 两座测风塔同期观测数据，对采用 CFD 软件计算出力过程方法进行验证。

5.2.2.2   出力过程模拟计算

对靖边某风电场采用 WT 软件进行出力过程计算，分别采用 0449[#] 和 0472[#] 两座测风塔 2015.09.01—2016.08.31 完整一年数据，对当地空气密度下的风电机组动态功率曲线和推力系数曲线进行综合出力计算，得到风电场的理论出力过程和尾流影响后的出力过程。LZX14# 风电机组和风电场全场计算得到的尾流影响后的出力与实际出力过程对比如图 5-18～图 5-23 所示。其中：图 5-18 为 LZX14# 单台风电机组模拟计算的日平均出力与实际日平均出力过程对比，图 5-19 为风电场全场计算的日平均出力与实际日平均出力过程对比。图 5-20～图 5-23 为 LZX14# 单台风电机组和风电场全场限电较少时段计算出力与实际出力过程对比。

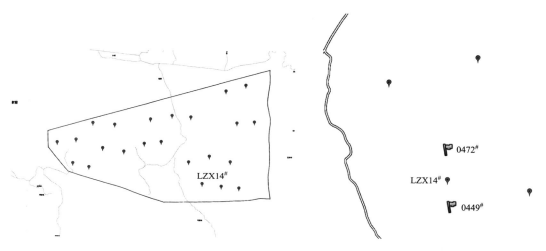

图 5-16　风电场风电机组排布示意图　　　　图 5-17　测风塔与 LZX14# 机位位置关系
　　　　　　　　　　　　　　　　　　　　　　　　　　　　示意图

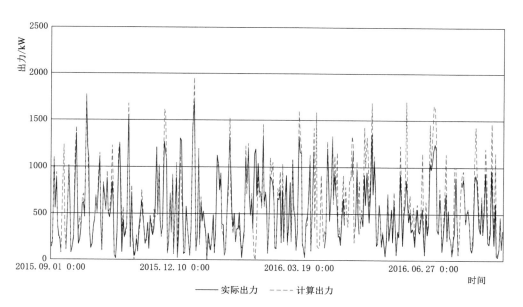

图 5-18　LZX14# 机位平均出力日变化过程图

　　由图中可以看出，LZX14#机位计算出力与实际出力较为接近，计算出力过程与实际出力过程变化趋势普遍一致。对于风电场全场而言，虽然计算与实际出力偏差较明显，但计算出力过程与实际出力过程变化趋势基本一致。可初步认为采用 WT 软件计算风电场出力具有一定的可靠性。

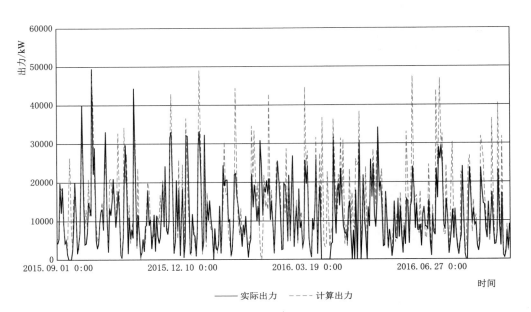

图 5-19　风电场全场平均出力日变化过程图

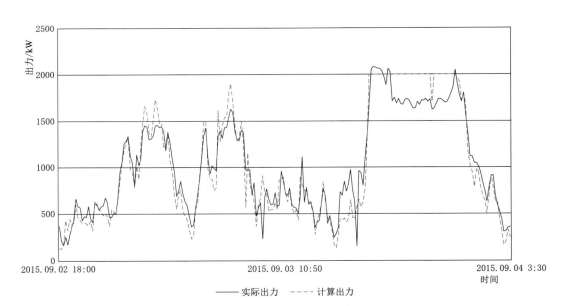

图 5-20　LZX14#机位变化过程图
(2015.09.02 18：00—2015.09.04 6：00)

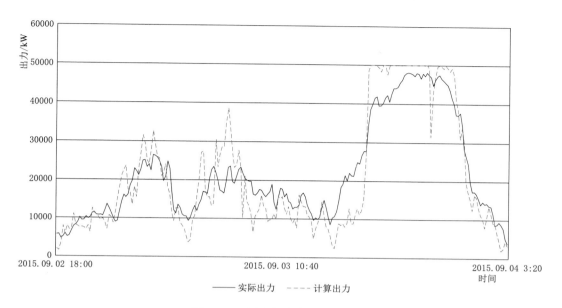

图 5-21 风电场出力变化过程图
(2015.09.02 18：00—2015.09.04 6：00)

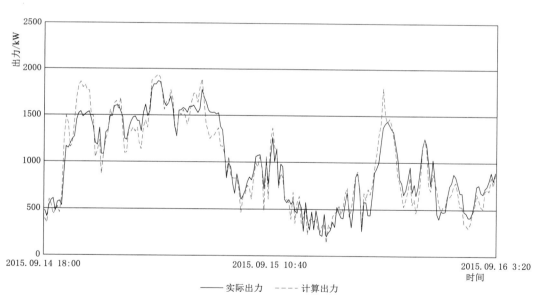

图 5-22 LZX014#机位变化过程图
(2015.09.14 18：00—2015.09.16 6：00)

此外，对 LZX14# 机位和风电场全场计算出力与实际出力频率分布进行统计，分别见表
5-2 和表 5-3，及图 5-24 和图 5-25。可以看出，LZX14# 单机、风电场全场计算出力
与实际出力频率分布较为接近。

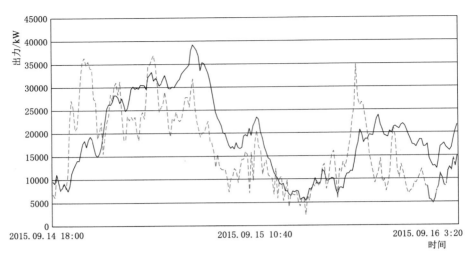

——— 实际出力 - - - - 计算出力

图 5-23 风电场出力变化过程图

(2015.09.14 18:00—2015.09.16 6:00)

表 5-2 　　　　　　　LZX14[#]机位计算出力与实际出力频率分布统计表

出力分段	出力区间/kW		实际出力频率/%	计算出力频率/%	出力频率偏差/%
1	0	100	27.9	26.7	−1.3
2	100	200	10.4	11.8	1.3
3	200	300	8.9	8.8	−0.2
4	300	400	7.2	6.9	−0.3
5	400	500	6.0	5.5	−0.5
6	500	600	5.1	4.7	−0.3
7	600	700	4.2	3.8	−0.4
8	700	800	3.6	3.5	−0.2
9	800	900	3.4	2.9	−0.5
10	900	1000	3.6	2.5	−1.1
11	1000	1100	2.8	2.5	−0.3
12	1100	1200	2.5	2.2	−0.3
13	1200	1300	2.2	2.0	−0.3
14	1300	1400	2.3	1.8	−0.5
15	1400	1500	2.3	1.7	−0.5
16	1500	1600	1.9	1.7	−0.1
17	1600	1700	1.5	1.8	0.3
18	1700	1800	1.2	1.7	0.4
19	1800	1900	0.9	1.7	0.8
20	1900	2000	0.8	5.9	5.1
21	2000	2100	1.4		

出力分段	出力区间/kW		实际出力频率/%	计算出力频率/%	出力频率偏差/%
1	0	2500	32.0	31.9	−0.1
2	2500	5000	11.0	12.8	1.8
3	5000	7500	8.9	9.4	0.5
4	7500	10000	7.0	7.1	0.1
5	10000	12500	5.7	5.6	−0.1
6	12500	15000	4.8	4.3	−0.5
7	15000	17500	4.2	3.7	−0.5
8	17500	20000	3.9	3.2	−0.7
9	20000	22500	3.5	2.8	−0.7
10	22500	25000	3.1	2.5	−0.6
11	25000	27500	3.1	2.1	−1.0
12	27500	30000	2.8	2.1	−0.7
13	30000	32500	2.4	1.7	−0.7
14	32500	35000	2.0	1.5	−0.5
15	35000	37500	1.6	1.4	−0.2
16	37500	40000	1.3	1.2	0.0
17	40000	42500	0.9	1.1	0.2
18	42500	45000	0.8	1.1	0.2
19	45000	47500	0.5	1.1	0.7
20	47500	50000	0.3	3.5	3.2
21	50000	52500	0.1	0	−0.1

表 5-3 风电场全场计算出力与实际出力频率分布统计表

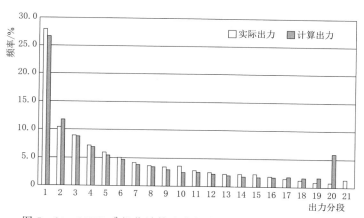

图 5-24 LZX14# 机位计算出力与实际出力频率分布柱状图

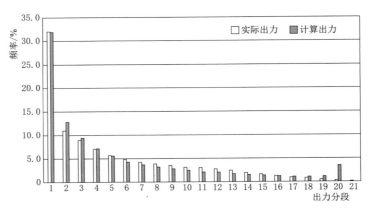

图 5-25 风电场全场计算与实际出力频率分布柱状图

5.3 哈密风电基地风的流动特性分析

5.3.1 哈密风电基地概况与风的流动特征

5.3.1.1 研究区域概况

哈密地区风能、太阳能、煤炭等资源十分丰富，是国家级重要能源基地。哈密风电基地是我国规划的重要风电基地，也是我国首个利用跨区特高压输电通道开展风电消纳的示范项目。哈密—郑州±800kV 特高压直流输电线路被明确为"主送风电，火电调峰"。

哈密风电基地项目主要由景峡烟墩区域风电场和三塘湖区域风电场组成，共计 25 个风电项目，具体包含 1 个 60 万 kW 项目、3 个 40 万 kW 项目、1 个 30 万 kW 项目、19 个 20 万 kW 项目和 1 个 10 万 kW 项目，总装机容量为 600 万 kW。

5.3.1.2 基础资料

1. 哈密风电基地资料

（1）风电基地内各风电场可行性研究报告、微观选址报告、风电机组总平面布置图等，包含各风电场场址范围、风电机组布置方案、风电机组参数、功率曲线等资料。

（2）风电基地地形图。

2. 测风塔资料

（1）三塘湖区域。三塘湖区域选取具有同期数据的 1000[#] 和 1001[#] 两座测风塔资料。

（2）景峡烟墩区域。景峡烟墩区域选取具有同期数据的 1002[#]、1003[#]、1004[#]、1005[#] 和 1006[#] 共五座测风塔数据进行分析，各测风塔基本情况见表 5-4。

表 5-4 测 风 塔 基 本 情 况 表

塔号	塔高/m	测风时段	海拔/m	备 注
1000[#]	90	2012.01.01—2012.12.31	1270.00	
1001[#]	70	2012.01.01—2012.12.31	1199.00	
1002[#]	70	2012.01.01—2012.12.31	932.00	数据时段为逐小时
1003[#]	90	2012.01.01—2012.12.31	834.00	

续表

塔号	塔高/m	测风时段	海拔/m	备　注
1004#	70	2012.01.01—2012.12.31	1191.00	
1005#	70	2012.01.01—2012.12.31	699.00	
1006#	70	2012.01.01—2012.12.31	1125.00	

3. 风电场运行数据及风功率预测塔数据

综合考虑所收集数据质量及各风电场分布情况等，确定重点分析三塘湖区域三塘湖一D和三塘湖三B，以及景峡烟墩区域景峡一A、景峡四ABC四个风电场出力情况。

三塘湖一D与三塘湖三B两个风电场风功率预测塔编号分别为1007#和2301#。景峡一A、景峡四ABC两个风电场内风功率预测塔编号分别为1003#、1004#和1005#。

所收集风电场风功率预测塔数据基本情况见表5-5。

表5-5　　　　　　　　　所收集风电场风功率预测塔数据基本情况

塔号	塔高/m	测风时段	时间间隔/min	测风配置	风电场	备注
1007#	90	2016.04.02 0：00—2017.06.09 11：20	1，5	风速高度：90m 风向高度：90m 气温、气压高度：8m	三塘湖一D（200MW）	
2301#	90	2016.08.02 12：50—2017.06.09 11：20	1，5	风速高度：90m（A）/90m（B） 风向高度：90m（A）/90m（B） 气温、气压高度：8m	三塘湖三B（200MW）	
1003#	80	2016.08.07 23：55—2017.06.09 8：50	1，5	风速高度：80m 风向高度：80m 气温、气压高度：8m	景峡一A（200MW）	
1004#	80	2016.10.14 15：23—2017.06.09 11：15	1，5	风速高度：80m（A）/80m（B） 风向高度：80m 气温、气压高度：8m	景峡四ABC（600MW）	存在较多问题
1005#	80	2016.11.09 11：16—2017.06.09 11：20	1，5	风速高度：80m 风向高度：80m 气温、气压高度：8m	景峡四ABC（600MW）	存在较多问题

对收集到的数据进行筛选、检验、修正，剔除不合理数据，对缺失数据进行插补等，使数据满足统计分析和计算的要求。

5.3.1.3　风的流动特征

哈密市位于新疆维吾尔自治区最东端，所辖两县一市（巴里坤县、伊吾县、哈密市），南北距离约440km，东西相距约404km，总面积14.21万km²。哈密市东部、东南部与甘肃省为邻，南接巴音郭楞蒙古自治州，西部、西南部与昌吉回族自治州、吐鲁番市毗邻，北部、东北部与蒙古国接壤，有长达577.6km的国界线。其地形地貌为南北低、中间高，北为丘陵戈壁，南为戈壁平原，天山山脉横贯中部，为南北天然屏障，使整个哈密市形成"四山夹三盆"的地形，即：自南向北依次由南端的库鲁克山地、横贯哈密中部的东天山、莫钦乌拉山、北端的阿尔泰山地，夹有哈密盆地、巴（里坤）伊（吾）盆地（谷地）和三（塘湖）淖（毛湖）盆地。

哈密特定的地理环境构成了控制哈密地区的基本气象环流条件，其特征为降水少、蒸发大，属典型温带大陆性干旱气候，春、秋季节气温变化幅度大，过渡期较短。而且，春季风大；夏季温高，酷热日数较多，山区局地性天气较多，常形成暴雨并引发洪水；冬季漫长而寒冷。同时，山区、戈壁和丘陵又各有差异。

哈密市气候主要受西风环流影响，风速春、夏季大，秋季次之，冬季最小。此外，受地形影响，市内各地风向、风速的分布差异较大。据哈密市各地气象站资料（10m高度）分析，天山以南的哈密市区及附近风力偏小，年平均风速仅为2.3m/s；哈密市区以东戈壁，盛行偏东风，年平均风速2.3～4.9m/s；三淖盆地盛行偏西风，年平均风速4.6～5.9m/s。哈密风电基地盛行风流向示意图如图5－26所示。

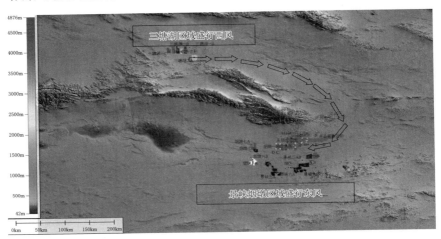

图5－26　哈密风电基地盛行风流向示意图

5.3.2　风的流动特性分析

5.3.2.1　单个风电场风速变化特性

以景峡烟墩区域4个风电场内5493#（东边）和7912#（西边）两座测风塔为例，分析单个风电场风速变化过程，两座测风塔相距约7km，其地理位置关系如图5－27所示。两座测风塔逐10min平均风速变化过程线如图5－28和图5－29所示。可以看出，两座测风塔风速具有较明显的传递性特征，传递时间10～20min，传递时间与风速大小有关。

5.3.2.2　风电基地内部风速变化特性

风电基地建成前，以景峡烟墩区域内自东向西4座测风塔（编号分别为478#、476#、995#和994#）为例分析风电基地风速变化过程，该4座测风塔两两相距分别约23.5km、16.5km、17.5km，如图5－30所示。4座测风塔时段2009.11.07 12：00—24：00逐10min平均风速变化过程线如图5－31所示。由图5－31可以看出，4座测风塔风速具有明显的传递性特征，传递时间为45～75min不等，传递时间与风速大小有关。

风电基地建成后，分别以景峡烟墩区域内1005#（东）和1003#（西）两座风功率预测塔、三塘湖区域内2301#和1007#两座风功率预测塔为例分析风电基地风速变化过程。

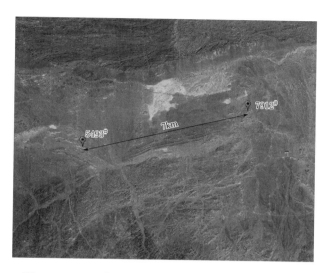

图 5-27 5493# 与 7912# 测风塔地理位置关系示意图

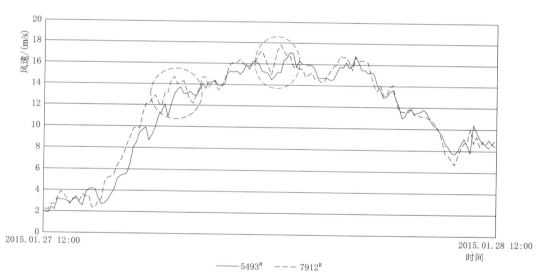

图 5-28 5943# 与 7912# 测风塔风速变化过程线
（主导风向 E，2015.01.27 12：00—2015.01.28 12：00）

　　景峡烟墩区域 1005# 和 1003# 两座风功率预测塔之间距离约 35km，两座风功率预测塔地理位置关系如图 5-32 所示。两座风功率预测塔不同时段逐分钟平均风速变化过程线如图 5-33 所示。由图中可以看出，两座塔风速具有明显的传递性特征，传递时间为数十分钟，传递时间与风速大小有关。

　　三塘湖区域 2301# 和 1007# 两座风功率预测塔之间距离约 12km，两座风功率预测塔地理位置关系如图 5-34 所示。两座风功率预测塔不同时段逐分钟平均风速变化过程如图 5-35～图 5-37 所示。由图中可以看出，两座风功率预测塔风速具有明显的传递性特征，传递时间为数十分钟，传递时间与风速大小有关。

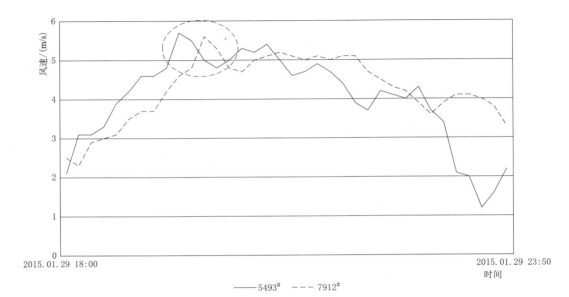

图 5 - 29　5943# 与 7912# 测风塔风速变化过程线
（主导风向 E，2015.01.29 18：00—2015.01.29 24：00）

图 5 - 30　478#、476#、995# 与 994# 测风塔地理位置关系示意图

5.3.2.3　不同风电基地之间风速变化特性

　　风电基地建成前，以哈密风电基地中不同区域的三塘湖区域 4123# 和景峡烟墩区域 1025# 两座测风塔为例分析不同风电场之间风速变化过程。两座测风塔直线距离约 290km，其地理位置示意图如图 5 - 38 所示。以冬季为例挑选两座测风塔数次大风过程进行分析，具体如图 5 - 39～图 5 - 41 所示。

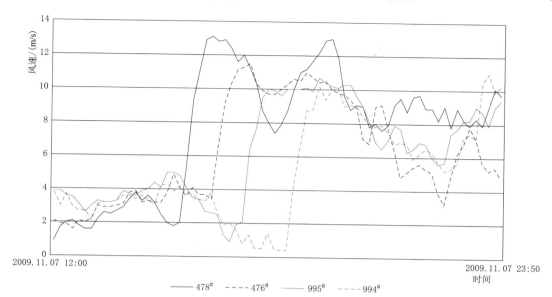

图 5-31 478#、476#、995# 与 994# 测风塔风速变化过程线

（主导风向 E，2009.11.07 12：00—24：00）

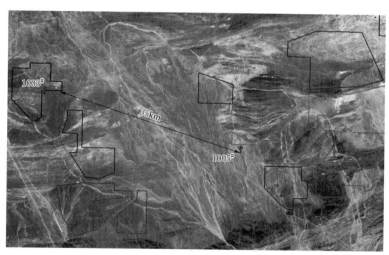

图 5-32 1003# 与 1005# 测风塔地理位置关系示意图

两个区域各自代表测风塔完整年风向、风能玫瑰图如图 5-42 和图 5-43 所示。此外，分别统计两个区域不同风向区间的风向、风能频率，具体见表 5-6。

表 5-6 景峡烟墩、三塘湖区域不同风向区间风向、风能频率统计表

区域	风向	中间度数/度数区间/(°)	风向频率/%	风能频率/%
三塘湖	W	270	26.71	46.58
	WNW	292.5	21.84	30.75
	NW～WSW	236.25～326.25	64.53	91.11

区域	风向	中间度数/度数区间/(°)	风向频率/%	风能频率/%
景峡烟墩	E	90	17.18	20.69
	ENE	67.5	12.23	12.43
	WSW	247.5	8.93	10.48
	E~ENE	56.25~101.25	29.42	33.12
	SW~WNW	236.25~326.25	33.41	36.84

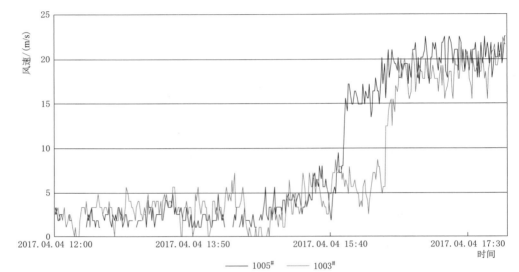

图 5-33 1005# 与 1003# 测风塔风速变化过程线

（主风向 E，2017.04.04 12：00—18：00）

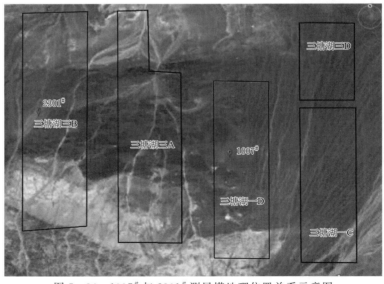

图 5-34 1007# 与 2301# 测风塔地理位置关系示意图

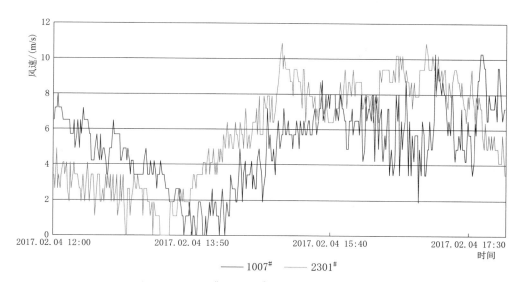

图 5-35　1007# 与 2301# 测风塔风速变化过程线

（主导风向 W，2017.02.04 12：00—18：00）

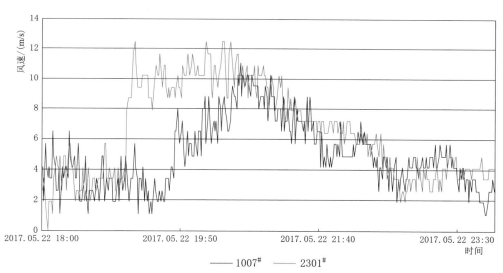

图 5-36　1007# 与 2301# 测风塔风速变化过程线

（主导风向 W，2017.05.22 18：00—24：00）

由以上图表可以看出，不同风电场之间的风速变化过程十分复杂。总体上看，三塘湖区域盛行偏西风，景峡烟墩区域偏西风与偏东风发生频率较接近，但大风过程多发生在偏东风的情况下。从传递性看，在一年内会出现以下几种典型过程：

（1）三塘湖区域以西风开始，然后经天山以东豁口南下后转为偏东风和东风，吹向景峡烟墩区域。

（2）景峡烟墩区域经常会发生由三塘湖区域传递过来的偏东风，同时还会与其东部形成的东风相叠加，甚至形成更有力的东风。

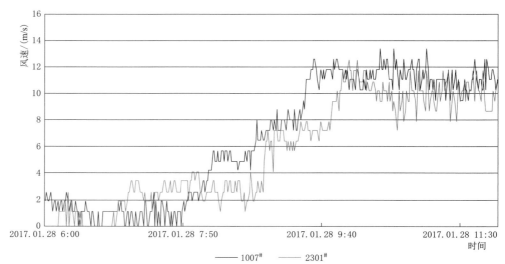

图 5 - 37　1007# 与 2301# 测风塔风速变化过程线

（主导风向 E，2017.01.28 6：00—12：00）

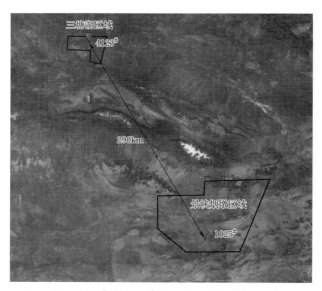

图 5 - 38　4123# 和 1025# 测风塔地理位置关系示意图

（3）当出现大范围东风时，东风被东天山分割成两支，分别吹向景峡烟墩区域和三塘湖区域，这也是三塘湖区域产生少量偏东风的主要原因。

（4）景峡烟墩区域常常会出现偏西南风、偏西北风，以及二者合并而形成的偏西风。主要典型过程示意图如图 5 - 44～图 5 - 47 所示。

5.3.3　风流动的定量模型

通过对哈密风电基地单个风电场及风电基地之间风的流动特性进行分析，可以发现风具有一定的传递性特征，特别是对风电基地内部或相距较近的风电基地，传递性特征十分明显。初步分析，其传递时间与风速大小和距离有关，传递时间表示为

$$t = \frac{s}{u} \tag{5-7}$$

式中　t——传递时间；

　　　s——两座测风塔间距离；

　　　u——传递过程的平均风速。

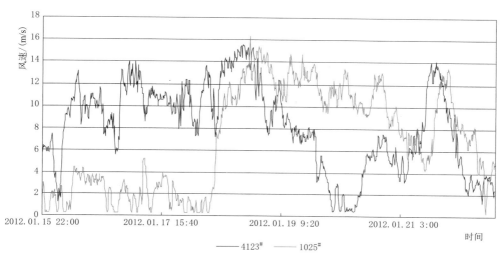

图 5 – 39　$4123^{\#}$ 和 $1025^{\#}$ 测风塔风速变化过程线

（$4123^{\#}$ 主风向 W，$1025^{\#}$ 主风向 E，2012.01.15 22：00—2012.01.22 12：00，冬季）

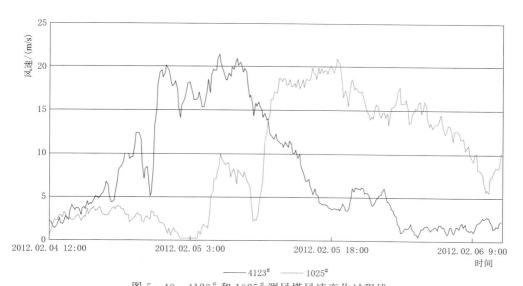

图 5 – 40　$4123^{\#}$ 和 $1025^{\#}$ 测风塔风速变化过程线

（$4123^{\#}$ 主导风向 W，$1025^{\#}$ 主导风向 E，2012.02.04 12：00—2012.02.06 12：00，冬季）

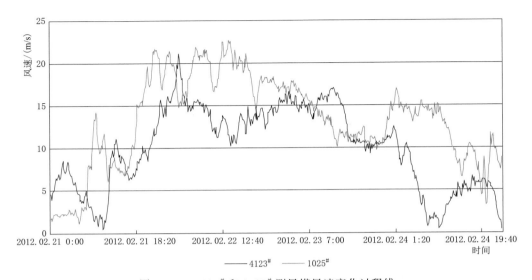

图 5-41   4123# 和 1025# 测风塔风速变化过程线

(4123# 主导风向 W, 1025# 主导风向 E, 2012.02.21 00：00—2012.02.24 23：50, 冬季)

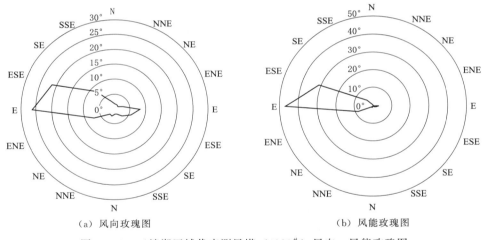

(a) 风向玫瑰图   (b) 风能玫瑰图

图 5-42   三塘湖区域代表测风塔 (4123#) 风向、风能玫瑰图

为了验证说明这一传递性特征，本小节对 5.3.2 节中风流的传递过程进行详细分析。根据测风塔平均风速及两测风塔间实际距离计算传递时间，并与实际传递时间进行对比分析，见表 5-7。

表 5-7   风的流动时间计算表

项目	测风塔	实际相距距离/km	时段	平均风速/(m/s)	实际传递时间/min	计算传递时间/min	误差/min
单个风电场	1100#—1101#	7.1	2015.01.29 19：20—19：40	5.33	20	22	2

续表

项目	测风塔	实际相距距离 /km	时段	平均风速 /(m/s)	实际传递时间 /min	计算传递时间 /min	误差 /min
风电基地	1200#—1201#	23.6	2009.11.07 15：30—16：10	10.36	40	38	2
	1201#—1202#	16.5	2009.11.07 16：10—17：00	8.62	50	52	2
	1202#—1203#	17.5	2009.11.07 17：00—18：10	8.14	70	36	34
	1200#—1202#	40.1	2009.11.07 15：30—17：00	11.35	90	59	31
	1200#—1203#	57.7	2009.11.07 15：30—18：10	10.34	160	93	67

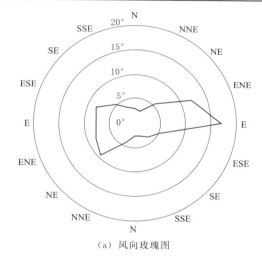

（a）风向玫瑰图

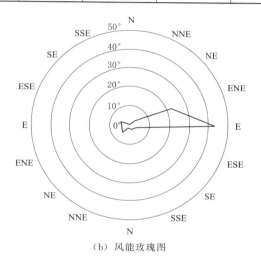

（b）风能玫瑰图

图 5-43 景峡烟墩区域代表测风塔（1025#）风向、风能玫瑰图

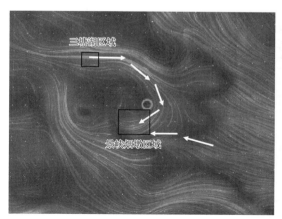

图 5-44 三塘湖区域西风、景峡烟墩区域
偏东风（模拟时间 2016.08.02）

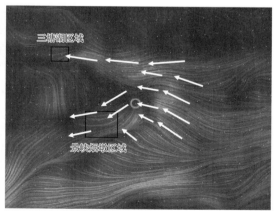

图 5-45 三塘湖区域、景峡烟墩区域均为
偏东风（模拟时间 2016.04.02）

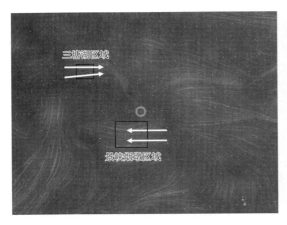 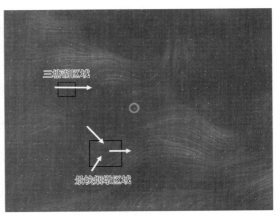

图 5 - 46　三塘湖区域西风、景峡烟墩　　　　图 5 - 47　三塘湖区域、景峡烟墩区域均为
区域东风（模拟时间 2016.10.02）　　　　　偏西风（模拟时间 2016.06.02）

由表 5 - 7 可以看出，对于相距较近的两座测风塔，计算传递时间与实际传递时间较接近。而对于相距较远的测风塔，其计算传递时间与实际传递时间偏差较大，这一方面可能与两测风塔间地形地貌条件有关，另一方面也可能与各自风的成因差异有关。总体上看，在风的成因一致的前提下，若两座测风塔间下垫面条件接近，没有明显的使风加速或减弱的地形地貌时，风速通常有较好的传递过程。

5.3.4　风电基地风速相关互补性分析

空间中某个特定位置的风速，数值大小不仅在时间上呈现自相关性，而且在空间上也会受到其他很多因素的影响，例如：其他位置的风电机组以及风电场尾流效应，所在空间的拓扑结构（风电场地形地貌、风电机组的排布等）、所在地理位置的环境条件（温度、气压等）。风电基地各风电场间风速相关性主要与风电场地理距离有关，相距较近的风电场由于受到同一天气状况的影响，其风速会表现出较强的相关性；相距较远的风电场，其遇到同一天气状况的概率较小，因此，其风速相关性较弱。

以哈密风电基地三塘湖区域和景峡烟墩区域各自的代表测风塔分析风速相关互补性，其测风塔地理位置示意图如图 5 - 48 所示。根据各测风塔 2012 年完整年实测风速数据统计，得到各测风塔年内月平均风速变化过程和日内风速变化过程，分别如图 5 - 49 和图 5 - 50 所示。

由图 5 - 49 和图 5 - 50 可以看出，三塘湖区域内的两座测风塔风速变化趋势十

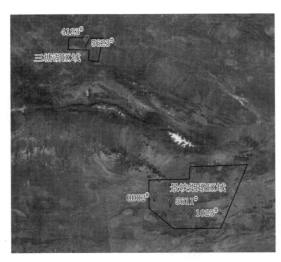

图 5 - 48　哈密风电基地各代表测风塔地理
位置示意图

分接近，相关性较好，景峡烟墩区域也是如此。但三塘湖和景峡烟墩区域之间的风速相关性不明显，存在一定的互补性。

为了补充说明哈密风电基地风速的相关互补性，对基地建成后各测风塔风速数据进行分析（各代表测风塔地理位置示意图如图 5 - 51 所示），挑选得到三塘湖区域 1007# 和 2301#

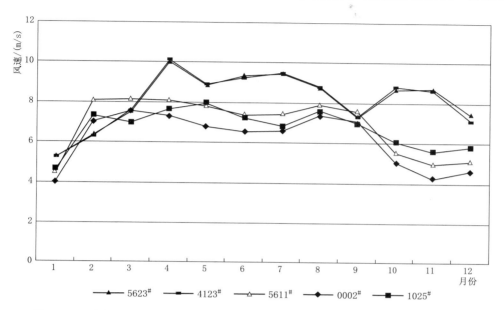

图 5 - 49　哈密风电基地三塘湖、景峡烟墩区域各测风塔年内月平均风速变化过程线

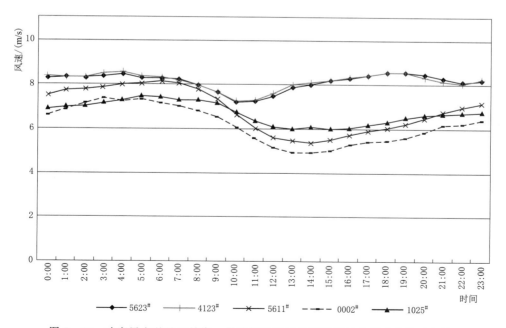

图 5 - 50　哈密风电基地三塘湖、景峡烟墩区域各测风塔日内风速变化过程线

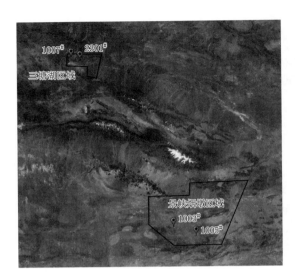

图 5-51　哈密风电基地各代表测风塔地理位置示意图

两座测风塔、景峡烟墩区域 1005# 和 1003# 两座测风塔多个时段的同期风速过程线进行统计绘图，如图 5-52～图 5-58 所示。

　　由图中可以看出，三塘湖区域内风速具有一定相关性，景峡烟墩区域内风速具也有一定相关性，但两个区域之间的风速相关性差、互补性明显。此外，根据分析可得到如下结论：

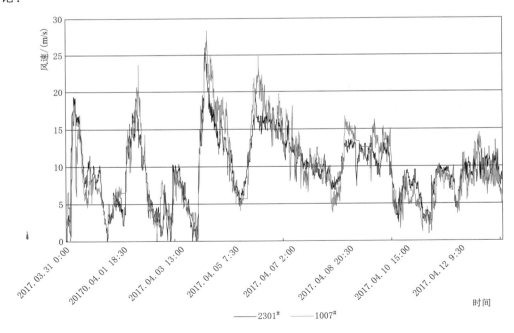

—— 2301#　　—— 1007#

时间

图 5-52　三塘湖区域内 1007# 和 2301# 测风塔同期风速过程线

（时段为 2017.03.31 0：00—2017.04.13 24：00，时间尺度较大）

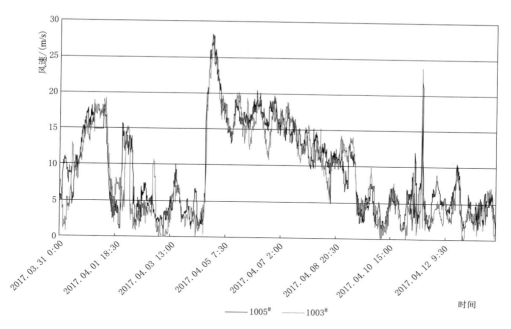

图 5-53 景峡烟墩区域内 1003# 和 1005# 测风塔同期风速过程线
（时段为 2017.03.31 0：00—2017.04.13 24：00，时间尺度较大）

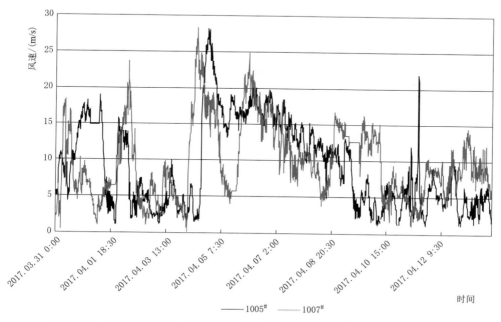

图 5-54 不同区域之间（景峡烟墩 1005# 和三塘湖 1007#）同期风速过程线
（时段为 2017.03.31 0：00—2017.04.13 24：00，时间尺度较大）

图 5-55　不同区域之间（景峡烟墩 1005# 和三塘湖 2301#）同期风速过程线

（1005# 主风向 E，2301# 主风向 W，2017.04.04 0：00—2017.04.05 24：00，时间尺度较小）

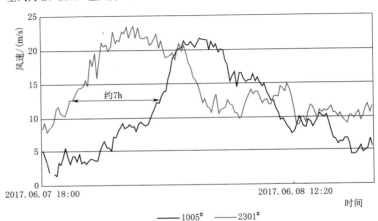

图 5-56　不同区域之间（景峡烟墩 1005# 和三塘湖 2301#）同期风速过程线

（1005# 主风向 E，2301# 主风向 W，2017.06.07 18：00—2017.06.08 18：00，时间尺度较小）

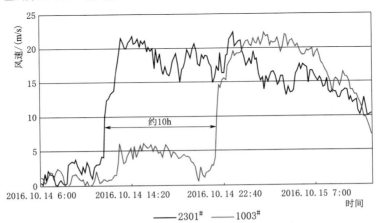

图 5-57　不同区域之间（景峡烟墩 1003# 和三塘湖 2301#）同期风速过程线

（1003# 主风向 E，2301# 主风向 W，2016.10.14 6：00—2016.10.15 12：00，时间尺度较小）

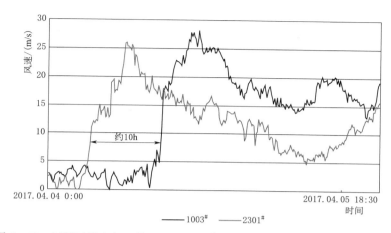

图 5-58　不同区域之间（景峡烟墩 1003# 和三塘湖 2301#）同期风速过程线

（1003# 主风向 E，2301# 主风向 W，2017.04.04 0：00—2017.04.05 24：00，时间尺度较小）

（1）同一区域内风电基地，时间尺度越大，风电场之间的风速相关性越显著；时间尺度越小，风电场之间的风速相关性越差，互补性越明显。

（2）相距较远的两个风电基地风速相关性较差，存在一定互补性。

5.4　风电基地综合出力计算

5.4.1　风电基地综合出力计算过程

5.4.1.1　研究对象选择

本书分别调景峡烟墩区域和三塘湖区域两个风电基地进行出力过程分析计算。景峡烟墩区域挑选景峡一 A、景峡三 A 和景峡四 ABC 三个风电场（共 100 万 kW 项目）作为代表风电场进行出力计算，三塘湖区域挑选三塘湖一 C、三塘湖一 D、三塘湖三 A、三塘湖三 B、三塘湖三 C、三塘湖三 D 六个风电场（共 110 万 kW 项目）作为代表风电场进行出力计算。景峡烟墩区域风电基地位置示意图如图 5-59 所示，三塘湖区域风电基地位置示意图如图 5-60 所示。

5.4.1.2　计算过程

分别对景峡烟墩区域和三塘湖区域采用 WT6.5 软件进行出力计算。景峡烟墩区域采用 1006#、1003# 和 1005# 三座测风塔 2012.01.01—2012.12.31 完整一年数据，三塘湖区域采用 1001# 和 1000# 两座测风塔 2012.01.01—2012.12.31 完整一年数据，采用各风电场各自机型（包括 WTG4 厂家 111-2.0、WTG1 厂家 93-1.5、WTG1 厂家 87-1.5 以及 WTG1 厂家 82-1.5、WTG1 厂家 121-2.5 共 5 种机型）当地空气密度下的动态功率曲线和推力系数曲线进行综合出力计算，得到两个代表区域风电基地的理论出力过程和尾流影响后的出力过程。

通过对软件计算的尾流影响后的出力过程进行修正（修正系数取值见表 5-8），得到

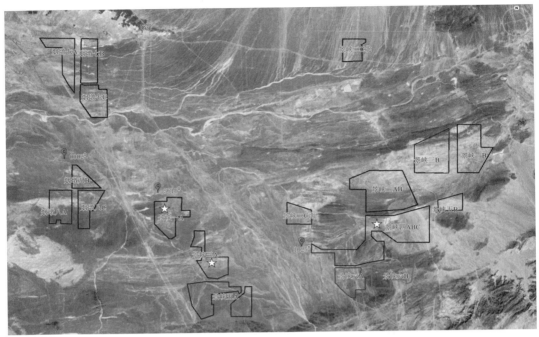

图 5-59　景峡烟墩区域风电基地位置示意图

（注：图中带五角星的风电场为出力计算代表风电场）

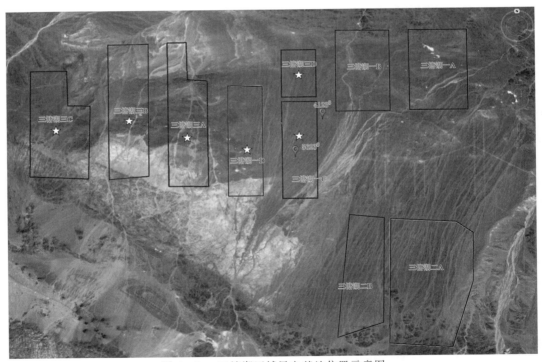

图 5-60　三塘湖区域风电基地位置示意图

（注：图中带五角星的风电场为出力计算代表风电场）

两个代表风电基地修正后的出力过程。风电基地出力过程计算与修正方法与风电场基本一致，仅是各修正项取值的差异。景峡烟墩区域代表风电基地日平均出力变化过程如图 5-61 所示，三塘湖区域代表风电基地日平均出力变化过程如图 5-62 所示。景峡烟墩、三塘湖区域代表风电基地出力日内变化过程图如图 5-63 所示。

表 5-8   出力过程修正系数取值表

序号	影 响 因 素	修正系数	备 注
1	软件计算误差修正	—	
2	尾流影响修正	5%	根据风电场容量大小和风电机组布置情况确定
3	功率曲线影响修正	5%	
4	风电出力预测及运行控制修正	2%	风速预测误差、风向转变的情况下（偏航）
5	风电机组故障检修影响修正	5%	
6	启停机影响修正	2%	
7	气象环境影响修正	—	比较随机，时间不定，在功率曲线修正中考虑（后续可基于气温、气压修正）
8	电网频率波动及限电修正	—	基于风速爬坡率修正法
9	场用电、线损影响修正	3%	

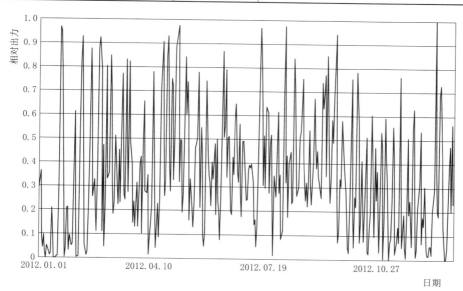

图 5-61 景峡烟墩区域代表风电基地日平均出力变化过程图

由图中可以看出：景峡烟墩和三塘湖两个区域日平均出力过程变化较大；景峡烟墩区域出力明显小于三塘湖区域；且两个区域发生最小出力时刻不同，具有一定的互补性。

5.4.2 风电基地综合出力分析

风电基地往往是由多个风电场组成的，其综合出力过程通常是对各风电场的出力过程进行叠加获得。哈密风电基地可分为景峡烟墩及三塘湖两大区域，其中景峡烟墩区域和三塘湖区域相距约 290km，两个区域被东天山山脉阻隔，气候存在明显差异，三塘湖区域盛行西风，景峡烟墩区域盛行东风。初步分析，两大区域风电出力具有较好的互补性。

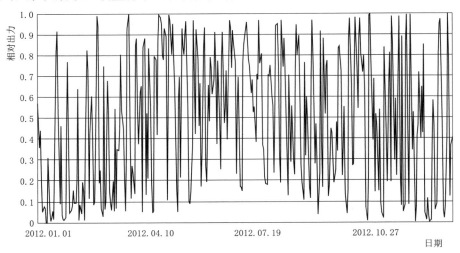

图 5-62　三塘湖区域代表风电基地日平均出力变化过程图

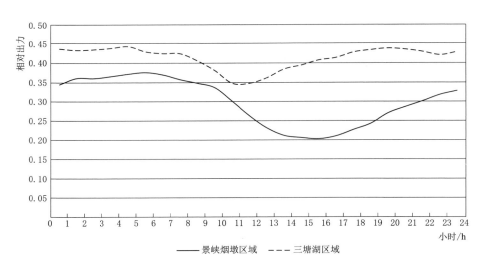

图 5-63　景峡烟墩、三塘湖区域代表风电基地出力日内变化过程图

5.4.2.1　出力过程计算

先由景峡烟墩区域代表风电场出力、三塘湖区域代表风电场出力按容量比例放大得到景峡烟墩、三塘湖两大区域的综合出力；再将两大区域的风电场出力进行综合，得到哈密风电基地项目总出力过程。哈密风电基地项目日平均出力变化过程图如图 5-64 所示，哈密风电基地项目日内相对出力统计见表 5-8，哈密风电基地项目日内出力变化过程如图 5-65 所示，哈密风电基地项目相对出力概率分布如图 5-66 所示。

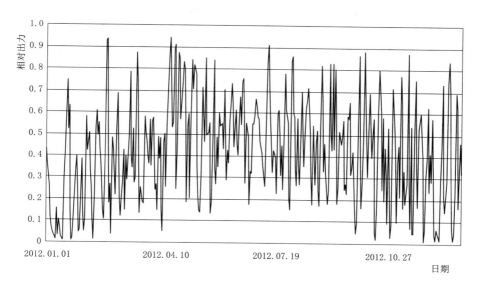

图 5 - 64 哈密风电基地项目日平均出力变化过程图

表 5 - 9 哈密风电基地项目日内相对出力统计表

小 时	景峡烟墩区域	三塘湖区域	哈密风电基地
0.5	0.344	0.436	0.374
1.5	0.360	0.432	0.383
2.5	0.359	0.434	0.384
3.5	0.364	0.438	0.388
4.5	0.370	0.442	0.394
5.5	0.374	0.429	0.392
6.5	0.368	0.424	0.386
7.5	0.356	0.424	0.378
8.5	0.347	0.405	0.366
9.5	0.336	0.380	0.350
10.5	0.301	0.348	0.316
11.5	0.263	0.348	0.291
12.5	0.232	0.362	0.275
13.5	0.212	0.384	0.269
14.5	0.207	0.394	0.269
15.5	0.204	0.407	0.271
16.5	0.211	0.413	0.278
17.5	0.227	0.427	0.293

续表

小　　时	景峡烟墩区域	三塘湖区域	哈密风电基地
18.5	0.243	0.433	0.306
19.5	0.270	0.437	0.325
20.5	0.286	0.435	0.335
21.5	0.301	0.428	0.343
22.5	0.318	0.420	0.351
23.5	0.328	0.428	0.361
平均	0.299	0.413	0.336
最大	0.374	0.442	0.394
最小	0.204	0.348	0.269

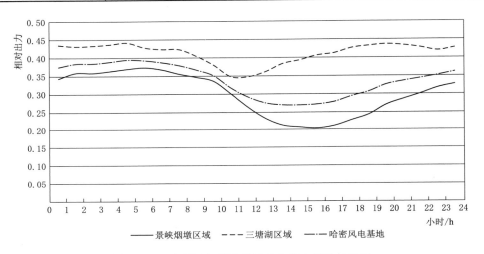

图5-65　哈密风电基地项目日内出力变化过程图

由表5-9可以看出，哈密风电基地项目日内平均相对出力为0.336，最大相对出力为0.394，最小相对出力为0.269。

5.4.2.2　哈密风电基地出力特性分析

1. 出力特性分析

对修正后的出力过程进行统计分析，得到哈密风电基地项目出力特性，见表5-10，出力保证率曲线如图5-67所示，累计电量曲线如图5-68所示。

表5-10　　　　　　　　　哈密风电基地项目出力特性表

出力/万kW	容量系数/%	出力保证率/%	累计电量占比/%
0	0	100	0
30	5	83.93	13.37

续表

出力/万 kW	容量系数/%	出力保证率/%	累计电量占比/%
60	10	75.58	25.20
90	15	68.77	35.90
120	20	62.69	45.67
150	25	56.17	54.54
180	30	48.47	62.31
210	35	41.73	68.99
240	40	36.69	74.78
270	45	31.84	79.86
300	50	27.58	84.26
330	55	23.04	88.02
360	60	18.93	91.15
390	65	15.34	93.70
420	70	12.05	95.74
450	75	9.38	97.32
480	80	6.66	98.51
510	85	4.22	99.30
540	90	2.01	99.73
570	95	0.91	99.95
600	100	0.00	100.00

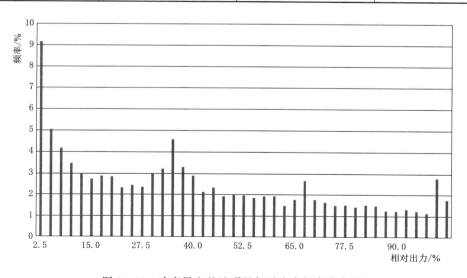

图 5-66 哈密风电基地项目相对出力概率分布图

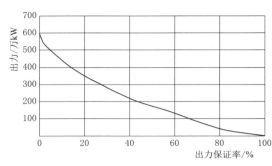 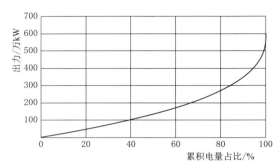

图 5-67 哈密风电基地项目出力保证率曲线图   图 5-68 哈密风电基地项目累计电量曲线图

由表 5-10 可以看出，哈密风电基地项目中，当风电保证出力控制在 390 万 kW 时，风电上网容量系数为其装机容量的 65%，累计电量占总电量的 93.70%，弃电量占比为 6.30%。

2. 出力连续性分析

经分析，哈密风电基地项目每一次出力过程持续时间多在数小时以上，较有利于电网调度，对特高压外送通道经济性也较有利。哈密风电基地项目出力连续性统计见表 5-11 所示。不同连续发电时间总发电小时数对比如图 5-69 所示。

表 5-11   哈密风电基地项目出力连续性统计表

出力/万 kW	连续发电小时数统计/h		
	连续发电 1h	连续发电 5h	连续发电 10h
100	5851	5620	5197
200	3836	3486	3006
300	2424	2014	1531
400	1252	956	564
500	424	253	140
550	147	50	1

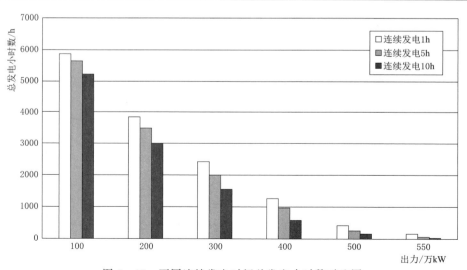

图 5-69 不同连续发电时间总发电小时数对比图

5.5 风电基地出力过程计算方法应用

青海共和风电基地东西跨度约 120km，南北跨度约 25km，规划风电装机容量为 390 万 kW。

根据青海共和风电基地所有测风资料，通过对测风资料进行筛选分析，仅有四座测风塔具有完整年同期数据，4 座测风塔地理位置示意如图 5-70 所示。

图 5-70　青海共和风电基地代表测风塔地理位置示意图

对青海共和风电基地采用 WT6.5 软件 Atlas 模块进行出力计算建模。选用 8005#、6685#、5725# 和 4852# 四座测风塔 2014.07.01—2015.06.30 完整一年数据，WTG1 厂家 121-2.0 机型风电机组当地空气密度下的动态功率曲线和推力系数曲线进行综合出力计算，得到整个风电基地的理论出力过程和尾流影响后的出力过程。通过对软件计算的尾流影响后的出力过程进行修正（修正系数取值见表 5-12），得到基地修正后的出力过程。日平均出力过程如图 5-71 所示。

表 5-12　　　　　　　　　　　　出力过程修正系数取值表

序号	影 响 因 素	修正系数	备 注
1	软件计算误差修正	—	
2	尾流影响修正	10%	根据风电场容量大小和风电机组布置情况确定
3	功率曲线影响修正	10%	
4	风电出力预测及运行控制修正	2%	风速预测误差、风向转变的情况下（偏航）
5	风电机组故障检修影响修正	5%	
6	启停机影响修正	2%	
7	气象环境影响修正	—	比较随机，时间不定，在功率曲线修正中考虑（后续可基于气温、气压修正）
8	电网频率波动及限电修正	—	基于风速爬坡率修正法
9	场用电、线损影响修正	3%	

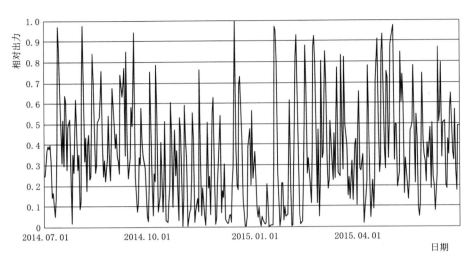

图 5-71　修正后青海共和风电基地日平均出力过程图

(2014.07.01—2015.06.30)

由图 5-71 可以看出，青海共和风电基地日内出力变化过程波动性很大，仅个别天数日平均相对出力可以达到 0.8 以上，普遍在 0.7 以下。

修正前后青海共和风电基地出力日内变化和月出力变化过程对比分别如图 5-72 和图 5-73 所示。由图 5-72 可以看出，青海共和风电基地出力存在明显的日内变化过程，一般地，午后至前半夜出力较大，后半夜至次日中午出力较小。由图 5-73 可以看出，风电基地出力具有明显的季节变化特征，冬春季出力较大，夏秋季出力较小。

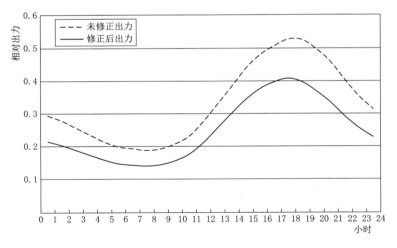

图 5-72　修正前后青海共和风电基地出力日内变化过程对比图

此外，青海共和风电基地出力连续性统计见表 5-13，不同连续发电时间总发电小时数对比如图 5-74 所示。

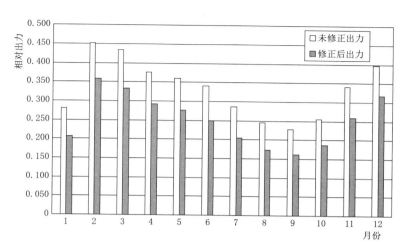

图 5-73　修正前后青海共和风电基地月出力变化过程对比

表 5-13　　　　　　　　　　青海共和风电基地出力连续性统计表

出力/万 kW	连续发电小时数统计/h		
	连续发电 1h	连续发电 3h	连续发电 6h
100	3030	2743	2454
150	2186	1971	1711
200	1597	1513	1245
250	1080	981	760
300	613	531	363
350	281	220	104

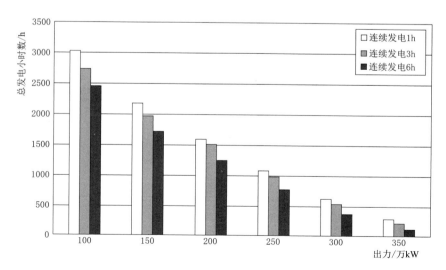

图 5-74　青海共和风电基地不同连续发电时间总发电小时数对比图

5.6　本章小结

由于风速变化是随机性的，因此，风电场的出力也是随机的。尤其是风电大规模并网时，对系统的调峰、调频、电压控制、安全稳定、电能质量等具有较大影响。同时，风电基地具有的地理分散效应会增加出力的互补性，大规模的风电基地总的风电出力波动特性往往比单个风电场要小很多，对电网运行有利。因此，研究风电基地的出力过程计算方法，获取较为准确的风电基地出力过程，对风电基地规划研究时各电源容量配比以及电网运行调度等具有重要意义。

本章在深入分析并总结风电出力特性研究方法的基础上，基于哈密风电基地测风数据和运行数据，分析研究了哈密风电基地风的流动特性。在此基础上，提出基于 CFD 软件计算风电场出力过程的修正方法。并将该方法应用于青海共和风电基地，进而对风电基地出力过程进行综合，得到风电基地的综合出力过程。通过研究，主要可得到以下结论：

（1）哈密风电基地三塘湖区域盛行西风，景峡烟墩区域主要盛行偏东风和偏西风，但风的成因较为复杂。风电基地内单个风电场或相邻较近的风电基地可见较为明显的风的相关传递过程，传递时间与风速大小和距离有关。

（2）风电场出力具有波动性、随机性和不确定性的特征，可用同时率、爬坡率、峰谷差、相关性与互补性、概率分布、出力特性曲线与出力连续性特征分析、保证容量、有效出力等表征风电出力特性。

（3）风电实际运行过程中，受调度控制系统的调节作用，风电场的出力过程往往呈现出平滑过渡的特点，不会出现出力随风速突变而发生急剧变化的情况，这与风电场风电机组运行控制和调度有关。建议在计算风电场出力过程中至少采用 10min 及以上时间尺度数据。

（4）采用 CFD 软件进行风电基地出力过程计算，并在充分考虑风电出力影响因素的基础上，提出基于不同风速段和风速爬坡率的出力过程修正方法。该计算方法可应用于哈密风电基地。

（5）对计算得到的哈密风电基地项目出力过程进行统计分析，得到风电基地日内平均相对出力为 0.336，最大相对出力为 0.394，最小相对出力为 0.269；当风电保证出力控制在 390 万 kW 时，风电上网容量系数为其装机容量的 65%，累计电量占总电量的93.70%，弃电量占比为 6.30%。

第6章
风资源评估软件应用
与开发

在风电行业中，由于我国CFD的基础研究比较薄弱，风电项目设计相关的仿真计算软件基本以国外进口为主（丹麦、法国、挪威等），属于工业设计软件"卡脖子"的关键技术，而且对国内开发环境（地形、气候、模式）评估不足，导致对风电场风资源评估不准确、尾流影响评估不足，特别是在风电基地中表现地更为严重。随着国家加强流体力学基础学科与基础计算软件的研发投入，集中产学研优势，研究基于CFD技术的风电场空气动力学计算与仿真平台，打造具有自主知识产权的核心关键技术，打破国外商业软件的垄断格局，具有重要的战略意义和应用价值。

6.1　风资源评估软件应用简介

在风电项目开发设计中，目前用于风资源评估、风电机组微观选址及风电场发电量计算的主流软件包括 WAsP、WindSim、Meteodyn WT 等。

WAsP 软件是由丹麦国家实验室（RISO）风能研究所开发的一款能独立对风资源进行分析处理的软件，主要用于对目标风电场进行风资源评估、风电机组微观选址、风电机组及风电场的尾流损失和发电量计算。WAsP 通过物理风流模型来模拟不同地形和障碍物的风流，包含尾流模型以及平均热通量条件的稳定模型。WAsP 软件的原理是将 N-S 方程线性化，使用内置的线性 IBZ 模型，因此适用于地形起伏变化较小的平坦以及中等复杂地形。

WindSim 软件是由挪威 WindSim 公司开发的基于 CFD 技术的风能分析与风电场设计软件，主要是通过有限体积方法数值求解 N-S 方程，其湍流模型采用湍动能耗散率闭合方案，因此对于复杂地形具有较高的计算精度。

Meteodyn WT 软件是由法国 Meteodyn 公司研究开发的基于 CFD 技术的风资源评估软件，主要根据地形、粗糙度以及设定的大气热稳定度自动划分网格与边界条件，在目标区域以及目标点自动进行网格加密，同时可以求解全部的 N-S 方程，得到风电场三维空间内任一点的风流、风资源、发电量及尾流损失情况，能更好地解决复杂地形所带来的非线性问题。

分别采用上述软件对典型风电场进行风速推算，其误差统计见表 6-1。

表 6-1　　　　　　　　不同软件风速推算误差统计表

案例	参考测风塔	高程/m	目标测风塔	WAsP 推算误差/%	WindSim 推算误差/%	Meteodyn WT 推算误差/%
陕西某市 A 风电场（复杂地形）	A-1#	1633.00	A-2#	10.43	6.93	3.28
			A-3#	6.56	1.34	0.33
			A-4#	-3.88	—	-3.2
	A-2#	1730.00	A-1#	-4.64	-6	-0.17
			A-3#	-0.98	-4.37	-0.98
			A-4#	-10.29	—	-4.38
	A-3#	1638.00	A-1#	-0.83	-0.85	1.82
			A-2#	5.96	6.6	3.28
			A-4#	-6.91	—	-2.7
	A-4#	1502.00	A-1#	8.94		5.46
			A-2#	16.69		8.2
			A-3#	13.11		4.75
误差绝对值平均/%				7.44	4.35	3.21
甘肃某市 B 风电场（戈壁滩倾斜平原）	B-1#	1232.00	B-2#	8.57	3.72	2.66
			B-3#	1.04	-2.6	-3.8
			B-4#	5.17	0.44	1.09

续表

案例	参考测风塔	高程/m	目标测风塔	WAsP 推算误差 /%	WindSim 推算误差/%	Meteodyn WT 推算误差/%
甘肃某市 B 风电场（戈壁滩倾斜平原）	B-2#	1174.00	B-1#	0.27	-3.55	-1.75
			B-3#	-3	-6.45	-5.63
			B-4#	0.95	-4.06	-1.5
	B-3#	1214.00	B-1#	6.46	4.18	4.59
			B-2#	10.96	6.57	6.03
			B-4#	7.48	3.47	5.06
	B-4#	1149.00	B-1#	1.75	0.12	-0.94
			B-2#	6.18	2.92	1.68
			B-3#	-1.31	-3.25	-4.71
误差绝对值平均				4.43	3.44	3.29

注　"—"表示 A 风电场 A-4# 测风塔不参与风速推算比较。

比较不同地形条件下风资源评估软件的评估结果与实测数据偏差，主要结论如下：

（1）从误差绝对平均值可以看出，在平坦地形，各风资源评估软件风速推算误差相差不大，WAsP 软件风速推算结果较 WindSim、Meteodyn WT 软件误差偏大。在复杂地形，WindSim 软件与 Meteodyn WT 软件推算结果相差较小，且这两种软件进行风速推算时较 WAsP 软件更为精确。

（2）在复杂地形，海拔高的测风塔推算海拔低的测风塔时易低估目标塔点位的风速；反之，海拔低的测风塔推算海拔高的测风塔时，易高估目标塔点位的风速，所以在设立测风塔时应能代表整个风电场内的风资源分布情况。

（3）WAsP 软件推算得到风电场理论发电量比其他软件推算得到的发电量高，但在平坦地形条件下 WAsP 软件的尾流影响系数较大；另两种 CFD 风资源评估软件发电量推算结果相对保守。

WAsP、WindSim、Meteodyn WT 软件针对不同的地形条件具有一定的适用性，支撑着风电行业的商业设计。但是，国内仍然欠缺能够商业应用的、适用于我国风资源特征的评估软件，制约着我国风电开发水平的提高。为了突破上述技术瓶颈和重大技术问题，国内知名新能源勘察设计院、头部风电机组制造商与科研院校合作，布局相关技术的研究和开发，也取得了阶段性成果，包括金风科技风匠资源评估系统、远景能源格林威治平台等。但是，仍然存在关键技术国产化率、计算精度和交互性不足的问题。

6.2　风电场微观选址优化方法

6.2.1　风电机组排布优化技术

风电机组排布优化目标可以是考虑尾流后的风电场发电量最优，也可以是考虑经济性最优，或者环境影响最优。在此，以考虑发电量最优为目标开展风电机组排布优化技术研究。风电机组排布基于风资源图谱进行优化，可以载入综合计算图谱结果，也可以加载一定格式的中尺度风资源图谱。

6.2.1.1　限制性区域

风电机组排布往往受到居民区、已有建构筑物、输电线路、交通等诸多限制性因素影响，可以通过多种方法定义该限制性因素及避让距离。

方法一：制作包含风电场规划区域与范围边界的 shape 文件（*.shp）。

方法二：通过"绘制"的方式在地图上以选点方式确定区域，并支持通过"限制区域"和"布机区域"定义风电场规划区域与范围边界。

6.2.1.2　风电机组间最小距离约束

不同区域风电场的风向分布通常具有各向异性，表现出一个、两个较为集中的盛行风向，或者风向分布较为分散。针对风向较为集中的情况，风电机组沿着主风向方向间距约束要求最高，垂直主风向方向间距约束要求相对最低，此时，扁椭圆约束模型能够近似刻画风电机组间距约束条件；针对风向分散的情况，趋圆椭圆约束模型能够近似刻画风电机组间距约束条件。总之，通过定义以风电机组为中心的椭圆长、短半轴模型风电机组来约束主要方向的最小距离，设置相应的判别函数，保证在一定迭代算法下，风电机组排布优化结果安全合理、发电量最优。风电机组排布椭圆约束模型设置如图 6-1 所示。

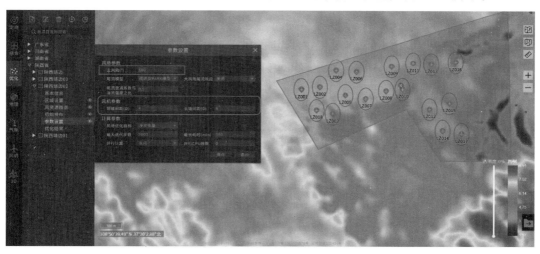

图 6-1　风电机组排布椭圆约束模型设置示意图

6.2.2　随机优化智能算法

随机优化智能算法的目标在于更新机位点坐标。为充分考虑每一种排布方案，随机优化时需要考虑可能影响排布的所有变量，包括风电机组数量、风电机组编号、移动方向等。优化的主要步骤包括：

（1）准备初始计算输入，包括风资源图谱、初始风电机组排布、风电机组数据等，并设置约束条件的相关参数。

（2）检查初始排布 L_0 是否满足约束条件；若满足条件，则计算初始排布的净发电量

$F = F(L_0)$，并执行（3）；若不满足条件，则优化计算结束。

（3）在第 i（$i = 1，2，3，\cdots，MaxItr$）迭代步随机选择一台风电机组，通过随机函数与优化参数耦合生成该风电机组新的位置信息。算法主要优化参数见表6－2。

表6－2   随机优化算法主要优化参数

优化参数	说　明
MaxItr	优化计算总迭代步数
MaxItr _ i	单迭代步内目标函数提升需要进行风电机组坐标改变的最大次数
dXY	风电机组移动最小步长，单位 m
N _ Step	风电机组最大可移动步数，结合 dXY 可计算风电机组的移动距离
N _ rand	单次随机搜索中随机操作的最大次数

（4）判断新的风电机组排布是否满足约束条件，即 Feasible＝True 是否成立：若 Feasible＝True，则执行（5）；若 Feasible＝False，则结束当前迭代计算，并执行（3）。

（5）计算第 i 迭代步所得新的风电机组排布的净发电量 $F_i = F(L_i)$，并判断是否优于 F：若 $F_i > F$，则更新最优解 L 和 F，$L = L_i$，$F = F_i$；若 $F_i \leqslant F$，该迭代步未找到更优解，L、F 保持不变。

（6）重复执行（3）～（5），直至优化计算趋于收敛，或达到所设置的最大迭代步数 MaxItr。

（7）输出最优风电机组排布 L 和最优净发电量 F。

风电机组排布优化净发电量随迭代步变化曲线如图6－2所示。

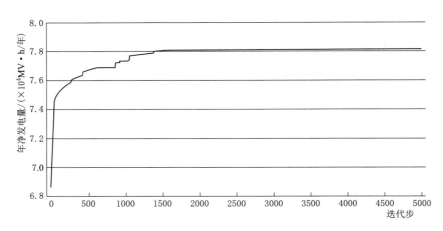

图6－2　风电机组排布优化净发电量随迭代步变化曲线

6.2.3　风电机组排布优化流程

风电机组排布优化输入数据要求见表6－3。

计算过程如下：

（1）根据风电机组坐标，读取 f、a、k 参数。

表 6-3	风电机组排布优化输入数据要求
输　入	来　源
风电机组坐标 XY/m	风电机组数据
风电机组海拔 Z/m	网格/风资源图谱
单扇区频率 $f/\%$	风资源图谱
单扇区威布尔参数 $a/(\mathrm{m/s})$	风资源图谱
单扇区威布尔参数 k	风资源图谱
风电机组轮毂高度 H/m	风电机组数据
风电机组功率 $Power/\mathrm{kW}$	风电机组数据库+空气密度修订

（2）计算风电机组单扇区平均风速 U_{ave}，即

$$U_{\mathrm{ave}} = a\Gamma\left(1 + \frac{1}{k}\right) \tag{6-1}$$

（3）以风电机组坐标 X、Y、Z、H 和 U_{ave} 为输入，计算尾流模型，得到尾流亏损系数 C_{w}。

（4）计算风电机组在单扇区内发电量（目标函数），即

$$P_{\mathrm{pdf-w}}(u) = \frac{k}{C_{\mathrm{w}}a}\left(\frac{u}{C_{\mathrm{w}}a}\right)^{k-1}\mathrm{e}^{-(u/C_{\mathrm{w}}a)^{k}} \tag{6-2}$$

$$AEP_{\mathrm{w}} = \frac{365.25 \times 24 f \sum_{u_{\mathrm{min}}}^{u_{\mathrm{max}}}\left[P_{\mathrm{pdf-w}}(u)Power(u)\Delta u\right]}{1000} \tag{6-3}$$

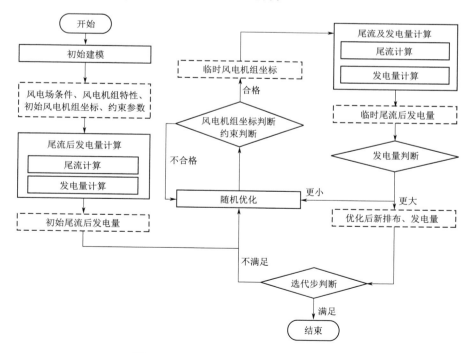

图 6-3 风电机组排布优化过程流程图

（5）计算所有风电机组各扇区发电量之和，得到考虑尾流的全场发电量。

风电机组排布优化是根据风资源条件，以及风电机组类型和数量，给出约束条件下最优的风电机组位置及发电结果等信息，在保障风电机组安全的同时，尽可能保障风电场发电量最大化。风电机组排布优化的主要内容有初始建模、风电机组坐标判断（约束判断）以及随机优化、尾流及发电量计算、发电量判断和迭代步判断。其主要流程如图 6-3 所示。

6.3 仿真云平台应用系统开发

6.3.1 软件结构

针对全球风电场地形复杂、风况多样，以及我国项目评估任务重的特点，通过研究湍流输运与耗散机理、大气边界层理论、地貌对风流的阻滞效应、风电场及大规模风电基地尾流效应等，特别是开发具有自主知识产权、核心算法可控的风资源精细数值模拟云平台，为风电场全生命周期中风资源评估、风电机组选型和微观选址提供技术支撑，还能为风电场一体化设计开发提供系统接口，平台架构设计方案示意图如图 6-4 所示。

平台输入、输出资料包括但不限于：

（1）输入，包括风资源数据、中尺度数据、粗糙度数据、地形图数据、特性曲线数据。

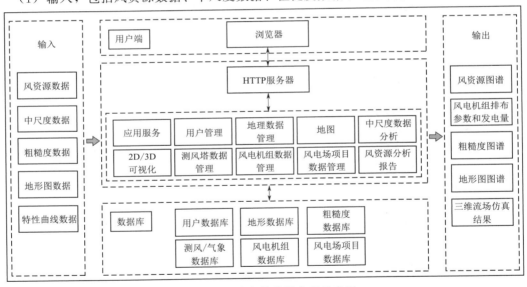

图 6-4　平台架构设计方案示意图

（2）输出，包括风资源图谱、风电机组排布参数和发电量、地形图图谱和粗糙度图谱、三维流场仿真结果等。

6.3.2 数据库开发

1. 地理数据库

风电场工程地理数据主要包括地形数据和粗糙度数据，是进行风资源精细化仿真模拟的重要基础，也是影响风流加速机制的重要因素。地形数据可以表征风电场地表起伏形态和地理位置、形状，用于 CFD 仿真网格生成。粗糙度数据反映风电场下垫面地貌的粗糙程度，用于刻画不同地貌对地表风流的摩擦与阻滞效应。通过构建地理数据库，用于支持上传、管理和调用包括地形图、粗糙度图在内的地理数据。

地理数据也包括实测数据和卫星影像数据。软件平台内置卫星影像数据，包括 SRTM 地形数据和 GLC30 粗糙度数据，可通过地理信息处理技术支持数据的自动拼接与扩展。

2. 气象数据库

气象数据来源于现场实际测风数据、气象中尺度数据等，包含风速、风向、风速标准偏差、温度、大气压和湿度等风特征参数和环境变量，用于支持平台进行中微尺度结合与风资源评估。

平台在定向和综合等计算时，支持直接调用气象数据库中的数据，也支持本地上传气象数据，上传的数据信息自动同步到气象数据库。

3. 风电机组数据库

风电机组是风电场的能量转换装置，通过风轮直径、轮毂高度、IEC 设计标准、功率特性、推力系数以及噪声特性等参数和数据来表征风电机组特性。

平台在定向、综合和优化排布等计算时，支持直接调用风电机组数据库中的参数，也支持本地上传风电机组相关数据，上传的数据信息自动同步到风电机组数据库。

4. 风电场数据库

风电场数据库储存用户项目信息与数据，包括定向计算数据库、综合计算数据库和优化计算数据库，方便用户查看和使用，后台采用风电场数据库表统计项目信息。各数据库用于储存项目计算结果信息，也支持信息导出功能。

6.3.3 高精度网格划分

高精度的风资源仿真模拟软件需要有一套高质量的三维网格，通过地形数据定义下表面网格，通过中心位置、半径、计算域高度等参数设置定义网格中心位置、网格外接圆半径以及网格计算域高度，通过自定义水平分辨率、最下层网格尺度、垂直增长率等参数设置来定义网格分辨率以及相应增长率，其中计算域高度、最下层网格尺度、垂直增长率共同决定垂直方向节点数。网格设置完成后平台会自动计算网格节点总数，再通过网格质量检测、网格划分优化，最终生成一套满足精细化风资源仿真要求的三维数值网格。另外，还可通过加密区域设置对目标区域网格进行加密处理。

地形数据属性主要包括高程、坡度、坡向等，复杂山地地形往往坡度变化较大，常规的网格划分可能无法完整体现地形变化情况。在初始网格划分时，可在水平方向生成等差、等比的疏密间距的网格，在垂直方向生成由密到疏的网格。然后，进行网格质量检测，根据网格质量情况进行优化，最终完成符合计算要求的网格构造。自适应网格剖分主要流程和自动剖分后网格结果示意分别如图 6-5 和图 6-6 所示。

6.3.4 中微尺度边界耦合

在气象学中，WRF 模式考虑水汽、积云、大气辐射、地形下垫面等地球物理过程的复杂影响，通过计算得到 1km 量级及以上的中尺度数据，能够反映风电场中尺度流动特征，在一定程度上满足了较大区域风电场研究的需要。但是，由于 WRF 模式的计算网格空间分辨率水平尺度较大，采用参数化方法间接考虑地表的植被和建筑对边界层风电场的热力、动力影响，只能得到少数几个格点的数值作为整个区域的代表。

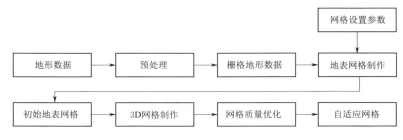

图 6 - 5　自适应网格剖分主要流程图

（a）地表网格　　　　　　　　　　　（b）垂向网格

（c）3D自适应网格

图 6 - 6　自动剖分后网格结果示意图

　　而风电场 CFD 仿真虽然直接考虑地形、下垫面的动力影响达到 10m 量级的精度，但由于未能考虑周围地形与较大区域风电场流动的影响，往往很难给定合理的风电场边界与初始条件。

　　基于中微尺度耦合技术，结合 WRF 模式与 CFD 仿真的优点，利用中尺度模式得到风电场的中尺度流动特征，能够在完善的大气物理过程参数化方案下得到风电场真实的边界条件。可以充分考虑局地地形特点，得到复杂地形区域精细的小尺度风速湍流分布。中微尺度耦合技术路线示意图如图 6 - 7 所示。

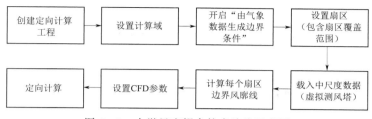

图 6-7　中微尺度耦合技术路线示意图

当测风数据缺失时，可在风电场综合计算的气象数据中引用精度相对较高的中尺度数据源。

6.3.5　仿真结果可视化

针对风电场几何空间网格，基于 CFD 建模进行风资源仿真，求解风参数物理场。针对网格数据以可视化的形式呈现，有助于用户把控仿真过程，分析仿真结果。平台支持各种类型数据信息的可视化，如输入的地形数据、粗糙度数据、测风塔位置、风电机组位置等的可视化；定向计算的风加速因数、入流角、湍动能、风向偏转等的 2D 可视化；综合计算的风速、入流角、湍流强度、风向偏转等的 2D 可视化；优化计算的限制区域、风资源图谱、椭圆约束、初始排布和优化排布的可视化；以及定向计算结果的 3D 可视化。

为了更加直观地呈现与分析风电场三维流场结构特征，增强对风电场风流机理的理解，平台可通过 3D 模块实现风电场的三维可视化，支持用户通过添加矢量线、切平面、等高面等辅助技术分析与研究流场特点。

6.3.6　典型案例介绍

6.3.6.1　Askervein 风电场

Askervein 风电场位于英国苏格兰外赫布里底群岛南尤伊斯特岛，是一个标准模型风电场，拥有 50 座测风塔。Askervein 山盛行西南风，来流自大西洋，海面平坦开阔；场内为坡度适中的山脊，适合模拟风流吹拂山丘的流动附着特性。

6.3.6.2　Anholt 风电场

Anholt 海上风电场是 IEA Task31 框架下阵列风电场尾流模型验证的五个海上风电场案例之一，其位于丹麦 Djursland 半岛和 Anholt 岛之间的 Kattegat 海面，离岸 15km。项目于 2013 年 9 月建成投产，总装机容量 400MW，采用 111 台 SWT120-3.6MW（HH82m）风电机组，曾是丹麦最大的海上风电场之一。

项目有两大特点，即：①风电场范围大，场区内存在风速梯度；②装机容量大，大规模风电场尾流效应显著。

6.3.6.3　鹤壁风电场

鹤壁风电场项目位于河南省鹤壁市西部淇县境内，海拔介于 200.00～900.00m，地形起伏大，属于复杂山地风电场。场内有 1 座测风塔，建设有 24 台风电机组。

6.3.6.4　阿拉善风电场

阿拉善风电场位于阿拉善左旗，阴山山脉西侧戈壁，规划装机容量 400MW。风电场处于戈壁—沙漠—山脉边缘过渡地带，场区相对平坦，东南地势逐渐降低，场址整体较复杂。风电场规模较大，需考虑大规模风电场尾流效应。

6.3.7　验证结果

为测试和验证新开发软件平台在不同地形条件下对风资源评估的准确性，基于以上 4 个典型风电场和国内其他多个风电场资料，通过建模分析，将模拟风速、发电量与实测风速、SCADA 数据、Meteodyn WT 计算结果进行对比，结果表明软件平台评估结果准确性高，风速误差（多塔互推）控制在 5% 以内，发电量误差（SCADA 数据或 Meteodyn WT 对标）控制在 10% 以内，见表 6 - 4。

表 6 - 4　　　　　　　　　　典型验证案例统计表

风电场	位置	地形条件	对比数据	风速绝对偏差	发电量绝对偏差
Askervein 风电场	英国	复杂地形	测风塔、SCADA 数据	0.28%	0.87%
Anholt 风电场	丹麦	平坦地形	测风塔、SCADA 数据	0.20%	0.90%
鹤壁风电场	河南	复杂地形	测风塔、SCADA 数据	2.30%	6.80%
阿拉善风场	内蒙古	复杂地形	测风塔、WT 数据	2.70%	3.20%
项目 01	安徽	平坦地形	测风塔、WT 数据	1.10%	2.30%
项目 02	河南	平坦地形	测风塔、WT 数据	3.00%	1.50%
项目 03	陕西	复杂地形	测风塔、WT 数据	3.50%	5.70%
项目 04	陕西	复杂地形	测风塔	1.70%	5.50%
项目 05	山西	复杂地形	测风塔、WT 数据	2.50%	0.50%
项目 06	陕西	复杂地形	测风塔	4.50%	7.01%
项目 07	甘肃	复杂地形	测风塔、WT 数据	5.00%	6.80%

注　WT 数据是指采用 WT 软件模拟得到的数据。

6.4　本章小结

针对风电项目开发中的风电基地和复杂地形风资源精准评估的难点和痛点，通过深入研究其科学问题及理论方法，提高风资源特征参数计算、尾流影响评估、发电量预测的精确度，研发了具有自主知识产权、核心算法可控的风资源精细数值模拟云平台，在一定程度上解决了制约风电行业领域的"卡脖子"问题，助力突破国外商业软件的垄断格局，具有重要的战略意义。平台系统开发主要成果突破如下：

（1）自主开发了融合 B/S 平台构架＋GIS 系统＋HPC 高性能并行运算技术集成云平台，实现了实时访问、在线仿真、动态可视化评估的功能。

（2）针对风电场、风电基地的不同地形条件，开发出自适应网格划分与区域加密技术，实现了智能化、高精度、便捷性的计算域空间建模。

（3）开发了考虑大气边界层特点、可实现三种微尺度湍流模型（$k-\varepsilon$、SST$k-\omega$、$k-$equation）的嵌入与地形适应性修正的数值求解器，基于有限体积法离散求解，可满足工程设计与科学研究的双向需求。

（4）完善了风电场解析尾流模型在复杂地形条件下的关键参数优化，开发了 5 种解析风电机组尾流模型，并针对风电基地宏观效应开发了区域级场址尾流评估模型。

（5）提出了基于随机搜索算法的非规则约束风电场排布优化模式，结合实地影响因素与智能布机方法，提高了风电场微观选址的效率与准确性。

风电场大气湍流模型、风电机组尾流干涉效应、中微尺度耦合算法等仍然是行业未解难题，需持续进行案例测试验证，不断迭代、升级软件功能，提升评估的精细化、精准化程度，促进行业推广应用。

参 考 文 献

［1］ 陈默. 影响风切变指数的几个因素的分析［A］//中国电机工程学会年会［C］. 成都，2013.

［2］ 许昌，韩星星，薛飞飞，等. 风电场微观尺度空气动力学：基本理论与应用［M］. 北京：中国水利水电出版社，2018.

［3］ 李春，叶舟，高伟，等. 现代陆海风力机计算与仿真［M］. 上海：上海科学技术出版社，2012.

［4］ 张怀全. 风资源与微观选址：理论基础与工程应用［M］. 北京：机械工业出版社，2013.

［5］ 廖明夫，R Gasch，J Twele. 风力发电技术［M］. 西安：西北工业大学出版社，2009.

［6］ 许昌，钟淋涓，等. 风电场规划与设计［M］. 北京：中国水利水电出版社，2014.

［7］ Stefan Emeis，张怀全. 风能气象学［M］. 北京：机械工业出版社，2014.

［8］ 葛铭纬. 风电场多尺度流动模拟和数学模型［M］. 北京：科学出版社，2021.

［9］ 胡伟成. 复杂地形风资源与风能利用［M］. 成都：西南交通大学出版社，2023.

［10］ 张宏昇. 大气湍流基础［M］. 北京：北京大学出版社，2014.

［11］ 王成刚，王咏薇，严家德，等. 边界层气象学基础［M］. 北京：气象出版社，2022.

［12］ Michael C. Brower. 风资源评估：风电项目开发实用导则［M］. 北京：机械工业出版社，2014.

［13］ 刘鑫，闫姝，郭雨桐，等. 复杂地形下风力机尾流数值模拟研究和激光雷达实验对比［J］. 太阳能学报，2020，41（3）：1-7.

［14］ 任会来. 基于致动盘方法的多台风力机尾流数值模拟研究［D］. 北京：华北电力大学，2019.

［15］ 周瑞涛. 基于致动面模型的风电场尾流特性模拟研究［D］. 北京：中国科学院大学，2017.

［16］ 卞凤娇. 基于三维改进致动面模型的风力机尾流特性研究［D］. 北京：中国科学院大学，2015.

［17］ 陈明阳. 基于致动模型的复杂地形风电机组尾流数值模拟［D］. 北京：华北电力大学，2021.

［18］ 拉尔斯·兰德伯格. 风能气象学引论［M］. 北京：科学出版社，2022.

［19］ 高志球，卞林根，逯昌贵，等. 城市下垫面空气动力学参数的估算［J］. 应用气象学报，2002，13（zl）：26-33.

［20］ 张宏昇，陈家宜. 非单一水平均匀下垫面空气动力学参数的确定［J］. 应用气象学报，1997（3）：310-315.

［21］ 周艳莲，孙晓敏，朱治林，等. 几种典型地表粗糙度计算方法的比较研究［J］. 地理研究，2007，26（5）：887-896.

［22］ 赵晓松，关德新，吴家兵，等. 长白山阔叶红松林的零平面位移和粗糙度［J］. 生态学杂志，2004，23（5）：84-88.

［23］ 邓奕，范绍佳. 沿海大气热稳定度分类莫宁-奥布霍夫长度 L 分类标准研究［A］//中国气象学会2003年年会［C］. 北京，2003.

［24］ 毕雪岩，刘烽，吴兑. 几种大气热稳定度分类标准计算方法的比较分析［J］. 热带气象学报，2005，21（4）：402-409.

［25］ 马晓梅. 大气热稳定度对风资源特性的影响研究［D］. 北京：华北电力大学，2016.

［26］ 吴雨薇. 区域多风场接入电网的相关问题研究［D］. 南京：东南大学，2015.

［27］ R Shakoor，M Y Hassan，A Raheem，et al. Wake effect modeling：A review of wind farm layout optimization using Jensens model［J］. Renewable & Sustainable Energy Reviews，2016，58：1048-1059.

［28］ S Pookpunt，W Ongsakul. Optimal placement of wind turbines within wind farm using binary particle swarm optimization with time-varying acceleration coefficients [J]. Renewable Energy. 2013, 55: 266 – 276.

[29] B Zhou, F K Chow. Turbulence modeling for the stable atmospheric boundary layer and implications for wind energy [J]. Flow Turbulence&Combustion, 2012, 88: 255 – 277.

[30] T Uchida, Y Ohya. Large – eddy simulation of turbulent airflow over complex terrain [J]. Journal of Wind Engineering and Industrial Aerodynamics, 2003, 91 (1 – 2): 219 – 229.

[31] Michael Hölling, Joachim Peinke, Stefan Ivanell. Wind energy-impact of turbulence [M]. Berlin: Springer Berlin Heidelberrg, 2014.

[32] Nikola Sucevic, Zeljko Djurisic. Influence of atmospheric stability variation on uncertainties of wind farm production estimation [A] //2012 EWEA [C], Copenhaven, 2012.